列子

御風而行的哲思

ISBN 957-13-1679-2

原著者簡介

列子

道家之表，世以老子、莊子、列子為三大代表，但對生命表現出最達觀、最磊落的態度的應屬列子。

先瞭解列子書中的真旨，再去尋求列子御風而行的哲思，才可以達到「雖不中不遠矣」的境界。那時您會發覺列子是一個隨和可親的凡人，一個不染不溺的聖者，是一個孤獨堅毅的浪人，又是一個寂寞深思的賢者。

不管您用凡人浪人的眼光或聖者賢者的眼光去看他，都會使人體悟到「千里一賢猶如比肩，萬代有知不殊朝暮。」

編撰者簡介

羅肇錦

民國三十八年生。
學歷：新竹師範、輔大中文系、師大中研所碩士、師大中研所博士班肄業。
現任：新竹師專副教授、輔大兼任副教授。
著作：瑞金方言、客語語法。

致讀者書

親愛的朋友們：

人生的意義是什麼？這是最困擾，最難回答的問題。以儒家的觀點說，人生的目標是立身行事，揚名於後，以顯父母，也就是「做人」——做一個爲父母所喜愛，爲當世所稱道，爲後代所推尊的人。當然，最好是做一個既「立德」又「立功」又「立言」的完人。但是，每當中原板蕩，干戈四起，生命朝不夕保，社會黑白不分的時候，聰明才智之士所體會出來的生命是——世事一場大夢，人生幾度新涼。

所以，消極的人就認爲，生爲堯舜周孔，或生爲桀紂盜跖都一樣，只要在實質的生活裡，可以得到無窮的快樂，就不必顧慮死後的是非毀譽，或敗得失了。杜甫說：「千秋萬歲名，寂寞身後事。」楊朱也說：「且趨當生，奚遑死後。」就是勸人別爲了往來爭榮辱，而把短暫的生命搞得寂寂天欲暮。

這種幻滅的生命所吐出來的心語，便是列子一書所包羅的哲思。所以，有人說道家學說是亂世之音，那麼，我們不妨從列子書找答案。

道家之書，世以老子、莊子、列子爲三大代表，但對生命表現出最達觀，最磊落態度的應該屬於列子。例如他在力命篇說：「可以生而生，天福也；可以死而死，天福也；可以生而不生，天罰也；可以死而不死，天罰也。」又說：「生非貴之所能存，身非愛之所能厚；生亦非賤之所能夭，身亦非輕之所能薄。」從這兩段話不難看出他對生命的體悟是何等透澈，或生或死，或厚或薄，都是天命所主宰，儘管人們用盡心力去貴之賤之，愛之輕之也奈何不了它啊！

人既然無法同天爭，便應該依順自然，樂天安命，求得真正的自我，不要爲了空虛的「壽名位貨」弄得擾擾攘攘不得不休息，也不要像愚公移山，夸父逐日那麼不自量力，更不要像杞人憂天，齊景公怕死那麼可笑。一個透悟生命的人應該像拾穗老人林類（天瑞篇）那樣悠遊達觀，像東郭先生（力命篇）那樣光明磊落，才能自性自適，無入而不自得。陶淵明神釋詩說：「縱浪大化中，不喜亦不懼，應盡便須盡，無復獨多慮。」不正是列子的清空哲思嗎？

當然，列子書中，也有些比較神異（如湯問篇），比較放縱（如楊朱篇）的記載，我們不必用道學的眼光去給予批判，或用科學的精神來加以求證。因爲從他的神異表現，正可以看出他對人世的了悟，從他的放縱思想，正可以看出他對禮教的反擊。例如公孫朝暮（子產兄弟）的縱慾主義，狂人端木叔（子貢後裔）的現實主義，純是爲了反傳統禮教而假託的人物。又如巧奪天工的偃師，造人栩栩如生；替父報仇的來丹，殺人不露痕跡。純是爲了表現真人與假人，報仇與不報仇都是一樣而想像的情節。

曾經有人比喻老聃像一尊神，戴人帽，著人鞋，是一篇喜劇。那麼列子便是一個浪子，光著頭，打赤脚，是一部卡通。這部卡通給觀衆的感覺是——明知是手畫的，却那麼清新脫俗，引人入勝。（不像有的連續劇明知是真人演的，却那麼單調乏味而又俗不可耐）也正因爲列子有那麼脫俗的心境，所以居鄭圃四十年而人不識，藏形衆庶之間而國君不知（天瑞篇所記）。真是一個默默行脚的浪子，一步一步的脚程，沒有怨聲，沒有疲憊的表情，也沒有人注意。

盧重玄在列子叙論中說：「有用染溺，凡聖所以分，在染溺者則爲凡，居淸淨者則爲道。道無形質，但離其情，豈求之於冥漠之中，辯之於恍惚之外耳？」先瞭解列子書的真旨，再去尋求列子御風而行的哲思，才可以達到「雖不中不遠矣」的境界。那時，自然會發覺列子是一個隨和可親的凡人，又是一個不染不溺的聖者，是一個孤獨堅毅的浪人，又是一個寂寞深思的賢者。不管你用凡人浪人的眼光或聖者賢者的眼光去看他，都會使人體悟到「千里一賢猶如比肩，萬代有知不殊朝暮。」

於是，當我走在大街小巷，感到人海茫茫，了無生機時，我會想到吾道不孤，千里外有人與我並肩同行。當我走過陸橋，爬上樓頂，覺得心煩慮亂，百無聊賴時，我又想到吾心不枯，因爲千古以前有個知音與我同俯瞰人潮湧湧。後來，當我發覺「走在故鄉仍有異鄉的感覺」時，我也不敢再嗟嘆，因爲我知道，這種感覺正是列子御風而行的哲思，藉著這陣思維，帶我去雲遊朗朗乾坤，帶我去看這個奇異世界，使我終於知道這個有情世界原來是一片無情天。

最後，在此說明，原版列子書文字不多，所以本書改寫後包涵了全部內容，可以當一本完整的列子書來看。極願此書能帶給同好一點啓示，余願足矣！更願時報出版社編印這套書的高瞻遠矚，能夠得到很好的回饋和反響。

羅肇錦序於臺北一九八〇年十二月一日

御風而行的哲思 **列子**

目錄

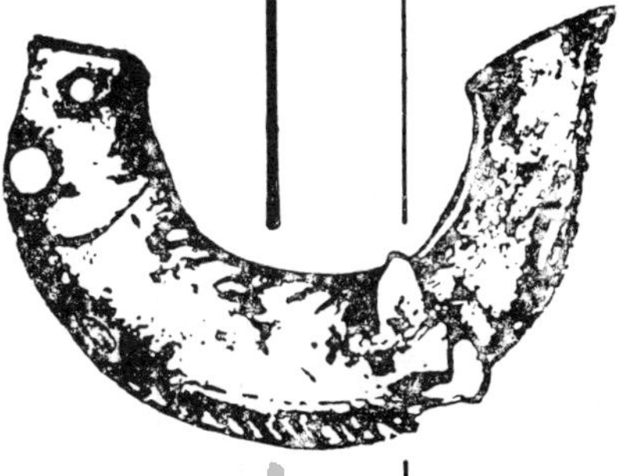

列子
御風而行的哲思

第一卷　天瑞

傳說盤古開天闢地以後，大地上雖有山川草木、蟲魚鳥獸，但仍沒有人類。於是，天神女媧ㄨㄚ就掘黃泥滲和泉水捏出一個小泥人，剛放地上，小東西就亂蹦亂跳，呱呱地叫，他的名字就是「人」。

從這個神話看來，古中國祖先的觀念，認爲一個人的生命是代表天地的神所賦予的，是一個無可知的主宰所造化的。這偶得的生命與個人並無關切，所以不用太固執自己所持有的。因此列子說：

「你的身體不是你的，是天地的「委形」；

你的生命不是你的，是天地的『委和』；

你的性靈不是你的，是天地的『委順』；

你的子孫不是你的，是天地的『委蛻』。」

既然，生命是天地的一種「自然」現象，就應該讓它「自己如此」，不必拿太多的形式去束縛，去戕害。因此，一個人必須鍾鍊自己，成爲「行不知所往，處不知所持，食不知所以」的忘我境界，才能稱得上得道。

1. 不生者能生生

古人說：「真悲無聲而哀；真怒未發而威；真親未笑而和。」人與人相處，精誠所至，自能動人，並非裝腔作勢可以造作出來的。

相反的，「強哭雖悲不哀；強怒雖嚴不威；強親雖笑不和。」這些表現，全在一個「真」字，真誠於內自然會神動於外，一點也掩飾不得。

列子就是這麼真誠的人，他的言行舉止，所給人的感覺是「平凡的不平凡。」由於他的質樸和真誠，所以空有滿腦的思想，滿腹的學識，也不輕易表現出來。平日裡謙默自持，不與人爭，以至於在鄭國住了四十年，仍沒有值得稱頌的「虛名」。

當然，沒有名聲的累贅，他也樂得閒雲野鶴般的放任東西，自由自在。當時的公卿大夫也把他看成平凡無奇的土老百姓而已。

這些袞袞ㄍㄨㄣ諸公，哪裡想得到，在列子心裡正以「無盛名」感到安慰呢？他想，土老百姓有什麼不好，總比那些峨冠博帶，裝腔作勢的衣冠禽獸活得更真切，更有意義。更比那些頤指氣使，空喊口號以宰制天下的王侯將相更有愛心仁心。

然而，好景不常，悠閒自在的日子，終因一場大饑荒而變得動盪無助。還好，他生平淡泊明志，所以遭此天變仍能沈靜自持，隨遇而安。

坦然自適固然可以使一個人忘我，但活生生的衣食却不能沒有。所以列子在無可奈何的窘況下，也想到衞國謀生，順便瞭解「國外」的情形，增長自己的見識。

正當他打算離去的時候，一羣平日追隨在左右的學生們可就慌了。他們深知老師這種雲遊自適的性格，匆匆一走，不知哪年哪月才能回來？如果不趁此時向老師多學一些道理，以後就「請經」無處了。（註：向老師請敎叫請經）。因此，聯合要求列子替他們說一說人生大道理，當做臨別贈言。

偏偏列子是個不喜歡說空話的人，問了大半天，才莞爾答道：「諸位想想，老天什麼也沒說啊！但大自然的變化却那麼有秩序，四時運行那麼有規律，其實人世間的道理都可以和天地一樣不言而喻的，我列禦寇還有什麼可說的呢？」

儘管如此，學生們還是不肯罷休的追問。有的更拿出旁敲側擊的辦法說：「就算老師沒有什麼可說，那麼以前老師的老師壺丘子林，總曾留下一些寶貴的話語吧！」

列子拗不過學生的追問，只得笑笑地說：「其實也沒什麼！壺丘先生的教導就是不多言而已，一切順乎自然就可以了。不過，我倒記得壺丘先生告訴我的同學伯昏瞀人的一些話，不妨在這裡隨便聊聊！」

下面就是壺丘先生的一段道理：

大自然裡有很多奧妙難懂的事，譬如一般的動植物，有的必須依靠別人供給才能生長，就像我們人類，必須靠部分特定食物才能維持生命。而有的動植物卻不用依靠別人都能自己成長，就像沙漠中的仙人掌，那麼自足，那麼孤傲。

其次，大自然的生滅也是這樣，有的從生到死，經過好幾個階段的蛻變，有的自己不起變化，卻能使別人因他而變化。所以，不依靠別人的才能延續不斷地生活下去，才能不因環境變化而死滅，才能在生存中爭取主動，可以不變應萬變的活下去。

可是，大自然中要靠別人才能生長的動植物，也不能把它壓抑下去，仍要任其自然生長，才能使這個世界平衡。對這些靠別人成長變化的動植物，不去阻止他的成長，才不會把這個世界扭曲得不成世界，才不會一切都脫了軌道，失了規律秩序。

因此，生命的規律就是這樣，靜的有靜的功能，動的有動的職分，不能稍有偏失，如此一來，萬物都在各盡本份，各司其務的情況下，去生滅，去造化，才能使宇宙生命延續不斷。

依循這個「常生常化」的道理去運作，自然事事互相銜接，互相推移而毫無間斷。譬如動植物的生滅消長，相生相尅，配合得天衣無縫。孩童們常玩「人吃鷄，鷄吃蟲，蟲吃穀，穀餓人」的遊戲，正是一生一尅的好解釋。宇宙道理就是那樣無時不生，無時不化，生生尅尅，永無休止。

天地運作，又有晝夜寒暑，有四時變遷，萬化而不息，這種不息的生滅，無終無始，無往無返，凝然獨立，不可改，不可窮，周行而不止，如月球繞地球有它一定的軌道。

黃帝書㊀上曾說：「谷神不死，是謂玄牝，玄牝之門，是謂天地根，綿綿若存，用之不勤」（註：見老子道德經第七章）這句話，若要細細追究，會令人頭痛，而且永遠無法解它的精髓所在。我們只要從大處著眼，抓住「谷神不死」的原因，以及天地間生生化化而不自知也不為人知的道理，自能由虛靈中得到真機，由「玄牝」中得到「天地根」。

因爲山谷空而無物，虛而有神，故能包容，能涵受，又因虛而能容所以不死，而這個生生化化的無極之門，就是天地的起源。

這個「玄牝之門」是萬物所滋生的地方，而天地本身却無由而生。所以我前面說：「不生者能生生」就是指這個玄牝之門爲天地根，它的本源是無來無往，無生無滅的渾沌境界。

也就因爲無生無滅無來無往，所以能夠綿遠不衰，歷久彌勤，而達到「在天地而天地不知」「在萬物而萬物不知」的超然境界。能夠把握這個原則以後，自然會覺得，我的生命不是自己的意志所能左右的生命，而是生命本身的生滅，這個生滅與我完全無關。如此推演下去，一切生物都依循著自己的規律生長，依循自己的規律消滅，依循自己的規律產生形體，產生顏色，依循自己的規律死亡，消褪。

有了這個秩序以後，自己的聰明才智，自己的勇力發揮到了極限時又會自動消滅停息。

以上種種生化，種種形色，種種智勇的消失成長，都是無心造成的，也就因爲是無心的，才合乎「不生者能生生」的道理啊！

附註

㊀ 漢書藝文誌，道家有「黃帝四經」「黃帝君臣」「黃帝銘」四篇，今皆亡佚。其中「黃帝四經」後來在長沙馬王堆漢墓出土。此處「黃帝書曰」所錄文字見老子道德經第六章，班固注「黃帝君臣」曰：「與老子相似」，此處或引自「黃帝君臣」，而文字恰與今老子書相同。

2. 萬物渾淪而不相離

講完壺丘先生高妙玄奧的宇宙道理以後，列子又替學生們做更有條理的銓釋。他說：

以前聖人談論自然道理，都以陰陽的變化來統馭天地，用陰陽的相生來解釋事理，因此，我們說有形生於無形，那麼天地就是從虛無的地方來的。這虛無有的地方可分成「太易」「太初」「太始」「太素」來說明。所謂「太易」是指渾沌形成之前，一片太虛幻境，凝寂無所見。所謂「太初」是渾沌初成時，陰陽不分，天地間一團氣籠罩著。

到了「太始」的時候，就陰陽有別，品物流行了，那時候，形象清楚，品類不雜，是天地萬物形象的開始。

最後是「太素」，是天地賦予萬物不同性質的開始，於是有方圓，有剛柔，有靜躁，有浮沈，有……等的區別，萬事萬物各依其形類，各有其性質。這時，雖然天地之氣充盈，萬物形象性質有別。但大而化之的看來，「氣」「形」「質」三者，其實是不可分離的，所以我稱它爲「渾淪」。

「渾淪」是指天地間渾然一氣，萬事萬物雖各有形質但不相離散。在此萬變不離其宗的「渾淪」情況下，道是無形的，是看不到的。而人所能看到的只是外表的形象，對內在的造化之道則一無所見，所以我稱只知事物外在之別而不明其分別道理的叫「視之不見」。

相同的「渾淪」之下，道是沒有聲音的，人們可以聽到的是稍縱卽逝的外發聲響，所以我又稱無聲音可求的道理叫「聽之不聞」。(註：道德經第十四章「視之不見名曰夷，聽之不聞名曰希」)

既然「視之不見」「聽之不聞」。那麼依循你所能看到的去求道，依循你所能聽到的方向去求道，那是永遠無法「得道」的。所以說「太易」是一切的本源，是

「無氣」「無形」「無質」的虛幻狀態。

把這個窈冥恍惚的「太易」狀態合而爲一，由一變爲七，七變爲九，九變爲無窮，無窮又回復爲一。這個一是最大也是最小，是一切形變的開始。

於是，淸而輕的氣向上飄化爲「天」，濁而重的下沈變爲「地」，中和淸濁輕重之氣就形成了「人」。可見人是天地交會時一團和氣所生的，而萬物也由此展開了生機。（註：從文字上看，「天」字從一從大，一卽天，大卽人，而「立」字從大從一，人所立爲地。由此知天在人上，地在人下，居中天地交會者卽爲人。）

3. 天有所短地有所長

雖然天地交會產生了人，但我們也不要把一切功勞歸於天地，因爲「天地無全功」。相同的，聖人雖然常常以先知喻後知，但也不能把一切智慧都歸於聖人，因爲「聖人無全能」。

前人說：「尺有所短，寸有所長」，天地聖人亦復如此。天有覆蓋環宇的能力，但不能載；地有載動萬物的能力，但不能蓋；聖人敎化萬民，萬物各有其用，人人各展所長，各取所須，絲毫勉強不得。所以說：「天有所短，地有所長」，聖人有所窒塞，萬物有所通。宇宙萬物就在這種「形有所分，物有其用」的制衡中連綿不斷的運行著。

由此說來，能涵蓋廣宇的不能載動天地，能載動天地的又不能教化萬民，能教化萬民的不能違背生長通則，而順從生長原則的不能跳出他的本位，這就是天地間相尅相生的一個大循環，使物各有其位，民皆有教化，地有所載，天有所覆。譬如靜躁的性情有別，方圓的形狀有分。如果依性情的類別分則有靜有躁，依整個生尅道理看，靜躁並不衝突，都是物性的本然。如果依形狀去看方圓外表不同，若從道理上推究，方圓都是形狀的一種，並沒有什麼差別。

總而言之，天地間的道理，只有陰陽交錯變化，而聖人的教誨，也不外乎仁義的反覆應用，而萬物的性質，也只是剛柔二字的相輔相濟而已。一切照著它的本質去變化，就能各司其職，各行其是而不越逾常度。所以可以得到一個結論：「有生者，有生生者；有形者，有形形者；有聲者，有聲聲者；有色者，有色色者；有味者，有味味者。」而「生之所生者死矣，而生生者未嘗終，形之所形者實矣，而形形者未嘗有，聲之所聲者聞矣，而聲聲者未嘗發，色之所色者彰矣，而色色者未嘗顯，味之所未者嘗矣，而味味者未嘗呈。」這些都是「無爲」的功榮啊！

能夠「無爲」就可以「無不爲」，所以「能陰能陽，能柔能剛，能短能長，能圓能方，能生能死，能暑能涼，能浮能沈，能宮能商，能出能沒，能玄能黃，能甘能苦，能羶能香。」當然也可以是「無知無能」，可以「無不知，無不能」了。

4. 出於機，入於機

列子說完了他的「天有所短，地有所長」的道理以後，就離開鄭國到衞國去了。

到了衞國以後，又開始他雲遊四海的生活。

有一天，列子正走得滿頭大汗，忽然發現路旁有一個暴露在亂草堆中的頭顱骨，從外形看來應有百年之久了！他不慌不忙，不憂不懼地把它撿起來，拔掉黏著在上面的雜草，拍掉附着在上面的泥土，仔仔細細的端詳了一會兒，然後若有所悟的指著頭顱骨對他的弟子百豐說：「這個世界只有我和你瞭解生死的道理。就以這個頭顱來說吧，我們平日過著養尊處優的生活，自以爲很得意很滿足，其實說穿了我們的生活和這個頭骨靜靜的躺在亂草堆中又有什麼兩樣，因爲把生死看開以後，活生生的人百年以後就是一堆白骨，那麼，我們的生命又有什麼值得珍貴的呢？」

這種生死的變化是萬物都不能避免的啊！至於有多少變化，那就很難說了。只要是一個有生命的機體，就可以在他「化機」的過程中產生無數的新生命，譬如有一種田鼠，俗名叫蝦蟆，牠們在田裡很長一段日子後，就會長出長長的爪而變成鵪鶉㈠。

鵪鶉是一種純性的鳥，牠飛的時候，一定依附著草不敢遠離。因爲牠如果一不小心碰到水，就會變成一種像絲一樣的草叫做「𢇍」ㄐㄩㄝ，而「𢇍」得到水土的滋附又會變成青苔，如果這些青苔生在潔淨高凸的地方就變成車前草。車前草吸取糞土等穢物又會變成烏足草。烏足草的根經過長久時日以後，就會變成蠍子，而烏足草的葉就變成蝴蝶，蝴蝶很快的又化成幼蟲。這些幼蟲如果生長在爐灶的下面，就變成像剛脫殼的嫩蟲叫做「鴝掇」ㄍㄡ ㄉㄨㄛ，鴝掇經過一千日以後又變成鳥，名叫「乾餘骨」，乾餘骨嘴裡的唾沫會變成「斯彌」，斯彌又變成「食醯頤輅」ㄕ ㄒㄧ ㄧˊ ㄌㄨˋ，是醋蟲，這種叫食醯頤輅的醋蟲也可以從「食醯黃軦」ㄎㄨㄤ變來，而食醯黃軦是從「九猷」蟲所生出來的，九猷蟲又從「瞀芮蟲」ㄇㄠˋ ㄖㄨㄟˋ生出來的，而瞀芮蟲是從一種叫「腐蠸」ㄏㄨㄢ的螢火蟲所變來的。

另外有更奇特的化機，聽說羊肝丟在地上久了以後會化成一種鳥叫做「地臯」，而馬血久了會化成鬼火名叫「轉燐」，人的血也會變成野火。

從以上各種物類的轉化看來，鷂一ㄠ變成鸇ㄓㄢ，鸇變成布穀鳥，布穀又化成原來的鷂，如此循環變化，機轉不已。甚至空中飛的燕子會變成水中滾的蛤，兩棲的田鷄會變成逐水草而居的鵪鶉，腐朽的瓜類掉到水裡會變成魚，老而黃的韮菜不去採擷，久了以後會變莧菜。另外，老母羊老了長得滿臉皺紋就成了猿猴，魚卵經孵化變成小蟲在水中蠕動，這些都是大自然一片化機的奇中奇。

據古書上記載：亶爰山上有一種野獸，樣子像狐狸，而頭上長有濃濃的捲毛，名叫做「類」，這種名叫類的野獸，沒有雄的，只要一大堆雌的在一起，都會自然懷孕生子，牠們就靠這種「同性戀」繁衍後代的。

更絕的是有一種水鳥叫做「鶂」ㄋㄧˋ，只要雄鳥和雌鳥互相定定的看一眼，就會懷孕而產出小鶂鳥來。另外有一種龜，純一色都是雌的，名叫「大腰」，純一色都是雄的，叫做「穉蜂」，這兩種龜，都是不經交配而能自生小龜鼈，這種生產是靠兩性相感而起變化的結果。

上面所說都是動物相感而化的例子，其實人也一樣，有許許多多的變化。

在大荒經㈢裡有一段記載。

東方海外有一個國家叫做「思幽國」，那個國裡分成男女兩個集團，男的集團叫做「思士」，他們一輩子不娶妻子。女的集團叫做「思女」，她們也不須要丈夫。說也奇怪，他們不經婚配交接，只要像鵁鳥那樣，用眼睛互相看看，就自然會感動而生出孩子來。

周的始祖后稷的出生更爲奇特。

后稷的母親姜嫄，有一天到野外遊玩，在路上偶然發現地面上有一個很大的脚印，他覺得又驚訝又好玩，便試著用自已的脚去踏在這個大脚印上，比比看相差多少。那裡知道，她剛剛踏上大脚印，全身就彷彿受了什麼感動，囘來不久，就懷了孕，後來便生下一個小男孩，那便是后稷。

湯的賢臣伊尹的誕生也很特殊。

聽說以前東方有個莘國，有一天，一個姑娘提著籃子到桑林去採桑。忽然聽到嬰兒的啼哭聲，於是，她尋聲找去，發現在一棵空心老桑樹裡有一個胖娃娃，光著身子正在舞手蹬足地哭叫。那個姑娘就把娃娃抱起來，獻給國王。國王就派人察訪嬰兒的來歷，費了好多時日才查出，孩子的母親原住在伊水的岸邊，這個母親，一天晚上，夢見神人告訴她：「舂米臼如果出了水，就向東邊跑，不要回頭看。」第二天，舂米臼果然出水了，她趕緊把神向他說的話告訴鄰居，一面照著吩咐向東邊走，鄰居們，相信她的話的就跟她向東走，不相信的仍在家裡觀望，她也顧不了那麼多，快步往東走了約十里路程，因惦記著家園和鄰居，不知現在如何了，忍不住回頭一看，只見家園已成了白茫茫一片，滔滔洪水正朝她洶湧撲來，她正想狂喊，身子就變成了一棵空心老桑樹，站在大水中央，抵拒激流，洪水才慢慢在她前面退去。過了些日子，採桑姑娘來採桑時，才發現這棵空心桑樹的肚裡有一個孩子，經鄰人的指證，這個孩子確實是空心樹的。又因爲孩子的母親原住在伊水，所以取名伊尹，長大後成爲湯的賢相。

既然大脚印可以使人懷孕，空桑木可以生孩子，那麼厥昭（蟨蛁蟲）蟲由濕潤之氣所生成，醯鷄（醋蟲）生於酒中的酸氣，就不足爲奇了。甚而「羊奚草」可以和「不筍」及「久竹」兩種草混合而生出「青寧蟲」。青寧蟲又生出「程」（程是一種獸，越人稱豹爲程），由程生馬，由馬生人，人又返回微生物的「有機體」中。

從這許多「入機」「出機」的變化中，可以想見，生死變化是不可測的，生於此的或許正好死於彼，那又何必斤斤計較生死的事呢？聖人明白「生不常存」，「死不永滅」的道理，所以不喜於生，也不懼於死，萬形的變化最後都歸於不化，因此「萬物皆出於機，皆入於機」。

前人說：「嗜欲深者天機淺，嗜欲淺者天機深」，就是要我們瞭解這個天機，才能夠不戕害生命，才能夠把活生生的人看成和頭顱骨沒有兩樣。

附　註

㈠ 從蝦蟆變鶉到老母羊變猿猴，都是先民智慧未開的傳聞，列子借這些傳聞解釋生命的變化，可謂浪漫之大成，不必以今日科學去論它。

㈡ 山海經篇名。山海經有大荒東經，大荒西經，大荒南經，大荒北經。

5. 形影，聲響和鬼

前面談了那麼多有機體的「入機」和「出機」，它們之間的因果變化講起來也很單純，那就是有因必有果，萬化不離宗。就好像「有形必有影」（形影不離），「有聲必有響」（聲指所發出的音聲，響指回聲）一樣，所以「形動則影隨，聲出則響應」，我們常說的「影響」一詞，就是指要先有「形聲」的因，才會造成「影響」的果。

黃帝書上說：「形動不生形而生影，聲動不生聲而生響，無動不生無而生有。」也是說明由形體生影子，由聲音產生反響，由「無」的變動而產生「有」，那麼「無」就成了天地的本源，形體和聲音也是萬物存在的原因。

萬物的形體，不論大小長短，外形上看起來有很大的差別，但最後都要歸於無形的，所以天地的久暫和我雖不相同，最後也和我一樣都會結束的。世界上人們所說的開始或終了，說穿了只是一種聚散而已，當聚集的時候，可以看到形體的存在，這就是「開始」，當形體消散以後，變得一無所存，那就是「終了」。

然而，聚集時必須以實質的形體爲根本，而離散時也要以實質的形體爲標準，否則只以外在的多少來衡量，是無法真正分辨出它是「聚集」還是「離散」，當然也無法知道它是「開始」還是「終了」，於是「聚集」和「離散」就相爲終始，最後給人的感覺是「無終無始」。

這樣說來，天地間的道，無所謂開始，也無所謂結束了，因爲開始時一無所有，結束也無窮期，所以，目前可知的生命最後又將歸於空無，目前有形的本體，大限到時也會化爲烏有。我們前面說「不生」並不是本來就沒有生命，我們所說的「無形」也不是本來就沒有形體，而是說生命是由「有生」返於無生，由「有形」變於無形，這樣存亡往復變化不一，並不是始終不變。

生命有它的終結是合乎自然道理的，糟的是到了要終止時却不能終止，要出生時却不能出生，那就違背了終始之道了。所以說，要來的終要來的，擋也擋不住，要去的終會去的，拉也拉不回，如果有人不自知，想違背這自然天數想求長生不死，那是最迷妄最無聊的事。

其次，人的精神是由天所分化的，人的骨骸是由地所分化的，屬於天所分化的，自然像天一樣淸輕而離散，屬於地所分化的，自然也像地一樣濁重而聚集，如果精神與骨骸不能合一，天分的歸於天，地分的歸於地，各反其本，各歸其真，這就不是人，而叫做「鬼」了。

鬼，歸也。

王充論衡論死上說：「人死精神升天，骸骨歸土，故謂之鬼，鬼者歸也。」風俗通上也說：「死者澌也，鬼者歸也，精神消滅，骨肉歸土也」，這樣說來，死，只是歸回到渺茫的太虛之域，也就是所謂「歸其真宅」，因爲人生只是天地一逆旅，百代一過客！而人汲汲營營忙碌一輩子，最後還是要回到他的「真宅」—墳墓裏啊！

如果把人從生到死，分成四個部分，這四個時期，就有四種大變化：嬰孩，少壯，老耋，死亡。

嬰孩時，血氣初成，專志凝神，調和天機，所以外物無法影響他的血氣，道德禮敎無法左右他的心志，他所表現的是一片赤子情懷，純任自然。

少壯時，血氣飃逸，欲念雜起，顧慮煩多，所以血氣常因外物而浮盪不定，心志也常受道德禮法所左右，赤子時的純厚道德早已衰歇，所表現的是一片競爭的機心，衝突不已。

到了老耋年齡，血氣已衰，那時的欲念和思慮，比起壯年稍微緩和，世俗的道德禮法也對他起不了很大的作用，因爲他沒有競爭的雄心，周遭的環境無法影響他的心志了，這時的心境雖不如嬰兒時那麼純任自然，但也比少壯期真純多了。

至於死亡變鬼時，一切歸於靜止，變成一無所知的鬼，那時生命好像又回復到原始的虛無狀態。

說到這裏，我們不妨拿孔子所提出來的三大戒來做個比較。他說：「少年之時，血氣未定，戒之在色；及其壯也，血氣方剛，戒之在鬥；及其老也，血氣既衰，戒之在得。」

從列子的四變和孔子的三戒，很清楚的可以看出道家（列子）是浪漫的，所強調的是血氣的盈虛，心志的聚散，而儒家（孔子）是執著的，所強調的是血氣的影響，人事的轉變。所以儒家以爲君子一生歷程有戒色、戒鬪、戒得，而道家却認爲不論血氣心志，最後都歸於死滅澌盡。

6. 生爲傜役，死爲休息

有一次，孔子去遊泰山，在魯國一個叫做郕的村子裏，遇到了那個向來樂天安命的榮啓期，在村郊到處閒逛。只見那榮啓期，穿著鹿皮大衣，腰間繫著一張琴，一面彈一面唱，顯出一付快樂自適的樣子，孔子忍不住問他說：

「你怎麼這樣快樂呢？」

榮啓期回答說：

「我的快樂很多，你聽我慢慢道來。首先，天生萬物中，人類是最尊貴的，因此被稱爲萬物之靈，而我有幸生爲人類，這是第一件快樂的事。其次，男女的差異在於男人尊貴女人卑下，而我有幸生爲男人，高高在上，這是第二件高興的事。再來，人的壽命不同，有的剛初生還沒有睜開眼睛就死了，有的還在襁褓中就夭折了，而我已經活到九十歲，仍然健在，這是第三件快樂的事。至於貧困的生活，在一般讀書人看來是極平常的事，而死亡也只不過是人生一個終點的到達而已。我平日裏能把貧困看淡，把死亡看開，那又還有什麼值得憂心的呢？」

孔子聽了很佩服地說：

「真是一個懂得處理生命的了不起的智者啊！」

又有一次，孔子在衞國的路上，遇到一位叫林類的隱士，那時他已是一個年近百歲的老人了，在春暖的時日還穿著冬天的皮裘，在收割完了的田裏，拾掇被遺棄的稻穗和穀粒，一面唱一面工作。

孔子看到這種情景，感動良久，然後回頭告訴弟子們說：「那個老人很奇特，像是值得向他請敎的長者，那一個去跟他談談？」

子貢自告奮勇前往試試看。就走到田埂的盡頭，等候老人，一見他就嘆息著問道：

「老先生，您年紀這麼老了還要辛苦的拾稻穗，不覺得很可憐，很委屈嗎？」

林類裝作沒有聽到一般，看都不看他一眼，繼續拾著稻穗，唱著歌。子貢覺得情況不妙，立刻向他陪不是，然後纏著追問，林類才抬起頭來同答說：

「我有什麼可憐，有什麼委屈呢？」

「我想您老先生，一定年少時四體不勤，放任偷惰，壯年時又不努力經營，所以年紀一大把了，還沒有妻子兒女，眼看壽命就要結束了，還有什麼值得你這樣快樂，一邊拾穗一邊唱歌呢？」

林類聽了笑著說：

「我快樂的原因很簡單，在每一個人身上都找得到，但人們却引以爲憂。你想想看，假如我不是年少時多保養自己不使體力透支，壯年時少與人爭奪，保存元氣，我能活到今天這麼大把年紀，身體還那麼健康嗎？而老年也正因爲沒有妻子兒女，可以來去自如，一無牽掛，縱然死了，也沒什麼放心不下的，所以我仍這麼快樂，這也就是樂天知命的道理。」

子貢接著替自己搶白說：

「希望長壽而不願死是人之常情，而您老先生卻以死爲快樂，這可把我搞糊塗了。」

林類說：

「死和生只是生命的輪廻，一死一生，一往一返，說不定在這個世界死去，正好在另一世界誕生，究竟哪一個世界好，那很難說，又何必汲汲營營的爲這短暫的生命自討苦吃，說不定我現在死去，會比繼續活下去更快樂呢！」

子貢聽了，更是迷糊，只好囘去告訴孔子。孔子批評說：

「果不出我所料，這老先生是值得和他談一談的，但從他的囘答分析，他對生死的道理，還不能說已經了解透徹了。」

這時，子貢對求學失去了信心，感到有點畏怯，又有點心煩，於是跑去告訴孔子說：

「讀書求知眞累人哦！我想暫時不念書，好好休息一陣子。」

「人只要活著就無所謂休息。」孔子立刻囘答。

「這麼說來我是沒法找到休息的地方了？」

孔子很神秘的笑著說：

「有的！有的！你只要張大眼睛看看那空曠的墳場，那深深的草木，突兀如割，那高高的冢墳，排列如鬲ㄌㄧˋ，你就明白哪裏可以找到休息的地方了。」

子貢聽了，無可奈何地說：

「哦！原來活著沒資格談休息，死了才能休息，那這個死真太偉大了，君子應心地坦然地等著死的到來，好好休息一陣，而小人也可因為死去而沒有了貪得之心。」

孔子說：

「看來你是了解了，這就是『生為傜役，死為休息』的道理啊！一般說來，每個人都只想到活著的快樂，沒有考慮活著也有比死痛苦的情形，只知道老年疲憊多病，不知道年老時也有比年青時還要解脫的輕鬆，只知道死亡的可怕，而不知道死亡是一種難得的休息。」

晏子對死的處理！也曾經發表過宏論，他認為，古時對死都有很好的觀念，認為死對一個平日修身慎行，仁德待人的人來說是一種休息，因為死是一種解脫，不必天天懷著戒慎憂懼，惟恐失德的心情。而死對一個貪得無厭的小人來說，卻使他平日的貪欲放肆找到了一個收心的所在。

死，就像一個人找到了歸宿一樣，所以古人稱死人為「歸人」，如果這句話沒有錯，那麼生人就可以稱為「行人」了。如果一個活著的人只知「行」而不知「歸」，就容易迷路，回不了家，人們都會因此而譴責他。

然而，現在天下人都迷失了自我，回不了家，却沒有人發現這是不對的事。再放眼看看，有些人，離開家鄉，背叛親人，荒廢家業，遊佚四方而不知返家的，大家都罵他狂蕩。而另些人，看起來敦厚賢能，却一味的誇張，提高自己的名聲，而不知收斂，大家反而稱他為智謀的賢士。其實上面這兩種人都失去了本心，躭溺了自己。而一般人只知罵離鄉背景不返家的人為狂蕩，不會罵喪失本心而不知返的人。

總而言之，能夠真正了解這些道理的，恐怕只有聖人了。

7. 貴虛的原因

有人問列子：

「你爲什麼推崇『虛靜』的道理。」

「舉凡名聲受人推崇，都是得力於誇耀自己，隱諱別人，如果一個人懂得『虛靜』的道理的話，就可以有無兩忘，萬異同一，也就不會想到名聲的貴賤問題，所以我推崇『虛靜』。」列子說了一陣，不夠明白，又繼續說：

「但是，與其擁有不切實際的尊貴名聲，不如安靜下來，想想謙虛寧靜的可貴，自能有所領會。所以『虛靜』的道理可以使人心靈安穩，不至於像一心一意在爭取，在強求的人，爲了委曲求全，而弄得迷失了自己。因此凡做一件事情，不知虛靜自守，等事情迷亂到無可救藥了，才毛毛躁躁的搬出仁義來企圖補救，那是永遠無法恢復舊觀的了。」

接著他又舉一個故事，說明虛靜的重要。

莊子書上有一個故事，臧和穀兩人的羊走失了，其中一人因此情緒浮躁，自甘墮落，天天以賭博遊嬉來痲木自己。另一人則虛靜自持，改爲讀書自解，這兩人產生的後果好壞不同，但原因都起於走了羊。如果一個人遇到外在變化不能虛靜自持，就容易弄得像臧穀兩人的下場，差別那麼大。

8. 頓進？漸進？

生理學家說：「人體細胞七年一換。」但人們毫無知覺，因爲它的新陳代謝像滴水穿石一樣，逐漸改變的。

天地運轉不止，其實它在慢慢改變而我們不曾查覺出來而已。天地事物的消長，都是相對的，此處損減的自會在他處得到補償，此處有所得，他處必有所失，就好像河川乾涸了，山谷流失了，一定也有小山被沖平，深淵被填滿。這樣一增一減，一盈一虧，隨生隨死，往來相接，沒有斷續，我們往往因爲這些增損變化是漸漸的，忽略了它，而誤以爲沒有變。

天地間的氣是漸漸形成的，所以感覺不出它的動力，萬物的形體也是漸漸虧耗的，所以感覺不出它的減損。譬如一個人從生到死，無論面貌、智能、形態，都天天變化，皮膚、指爪、頭髮也隨時生長，隨時凋落，毫不間斷。通計一生，從初生到老死，分分秒秒都在細微的變化著，等我們可以查覺出的時候，已經和初生時差別很大了。

9. 杞人憂天

杞國有一個人老擔心天會塌下來，無處躲藏，難逃一死，於是整天憂心怔忡，弄得睡不著覺，吃不下飯。

他的一個朋友，爲了替他排解憂慮，就特地去勸慰他說：

「天只不過是大氣所聚積而成的，這種氣充塞在任何地方，所以我們身體屈伸，口鼻呼吸等日常行爲，都在天地大氣之中所做的。這樣的天還會有塌下來的危險嗎？

「就算天是氣所聚積而成的，那麼，日月就無所依附了，怎麼不會墜落下來呢？」

「日月星辰也是積氣形成的，所不同的是帶有光亮而已，縱使墜落下來，也不會造成傷害。」

「但是，如果地裂開了怎麼辦呢？」

「地不過是一塊塊的土積起來的，土塊充滿四野，沒有一處不被包涵，我們走路，跳動，日常的一切作爲，沒有一樣不在地上做的。這樣的地爲何還擔心它會裂開呢？」

杞人聽了才釋然於懷，轉憂爲喜。他的朋友因勸慰成功而非常高興。

長廬子聽到這件事，就嘲笑他們說：

「虹蜺、雲霧、風雨、四時，都是堆積在空中的氣所產生的變化。山岳、河海、金石、火木，都是堆積的土石所形成的。既然天地是氣聚積而成，是土塊堆積而成，那怎能說它不會損壞呢？誠然，天地是宇宙萬物中最大的，其體積之大，幾乎到了無窮無盡，難以測量，難以了解的地步，杞人因此而躭心它會損壞，未免考慮得太遠了。如果說它不會毀壞，也未必正確，天地是宇宙萬物之一而已，不可能不會崩裂，那麼擔心它崩裂也沒什麼不對。」

列子聽到這件事，也嘲笑著說：

「長廬子認爲天地會損壞，那是極大的錯誤，而說天地永遠不會壞也是錯的。其實，天地會不會毀壞是我們無法知道的，如果不會損壞，那最好不過，我們可以安心終老，如果會崩壞，那也是崩壞時的事，離我們太遙遠，也沒什麼可躭憂。我們活著時，不知死後的事，不必考慮死後的情形，我們死了以後也無法瞭解活著的情形，也不會想活著的種種，剛來的不知過去的，過去的不知剛來的，那麼會崩壞或不會崩壞，又何必放在心上呢？」

10. 撿來的命，偷來的富

舜問羣臣：

「天地間的道可以據爲己有，按自己意思去施行嗎？」

「連你的身體都不是你的，你怎麼照你的意思去做呢？」

「如果我的身體不是我的，那麼是誰的呢？」

「你的身體是天地暫時賦予的形體；你的生命不是你的，是天地暫時調和所產生的；性靈不是你的，是天地暫時順遂所產生的；子孫不是你的，是天地暫時蟬蛻所產生的。一個透悟生命的人，必須對自己抱持『忘我』的心態，才能走遍天下左右逢源，而忘了自己身在何方；處世爲人，得心應手，忘却自己所持有的方法；樂天知命，饑食飽厭，忘了自己爲生而食。生命既是天地偶然的狀態下生成的。而天地是由一種陽剛之氣所凝聚而成，無形無身的，不死不終，所以天地所產生的生命又怎能據爲己有呢?」

齊國有一個姓國的大富人家,宋國有一個姓向的貧窮人家。窮人特地從宋趕到齊,請國氏告訴他致富的方法。

國氏說:

「我的致富,全靠我懂得偸的技巧,而且一年比一年進步。我開始偷竊以來,第一年剛好夠維持生活,第二年就很富足了,第三年已有不少積蓄。從此以後,我就把餘財施捨一些給鄉里人,使他們都很愛戴我。」

窮人向氏聽了大爲高興,以爲他可以如法泡製,三年必然可以變成富翁。但他只聽到國氏說偷可以致富的話,並沒有搞淸楚怎樣偸,就毛毛躁躁的去翻牆頭,鑿壁洞,大偷一番。凡是看到過可以拿到的,都不輕易放過,真個是狠狠的幹了一大票。

沒多久,失手被捕,人贓俱獲,沒法抵賴,結果被控偸竊之罪,全部財物都被抄沒。自以爲既倒霉又可憐,於是把一切怨怒都發在國氏身上,認爲國氏欺騙了他。

於是,怒氣沖沖的去找國氏理論。

見了國氏，國氏笑笑的問：

「別來無恙，近來過得不錯吧！」

宋氏只好把失手被捕的實況告訴國氏。國氏說：

「唉！你沒搞清楚怎麼偷就冒然下手，當然會出事，現在我告訴你我的偷法，你認真聽好。我曾聽老人家告訴我，春夏秋冬四時變化可以帶給我們財富，所以我就偷取這個天時變化，偷取雨水的潤澤，來栽培五穀，又利用泥土器物建牆築舍，使米穀可以蒐藏，人可以安居。此外，在陸地上偷取禽獸，在河水中偷取魚鼈。計算起來種五穀、建房舍、獵禽獸、捕魚鼈，無一不是從天地間偷來的。這些東西，都是天生的，偷取天生的東西不會惹禍，可以保持長久富有。至於金玉珠寶、米穀布帛等貨財是屬於私人所辛苦掙來的家私，連天都沒辦法拿來給你，何況你沒有天大的本領，却去偷它，失風被捕而判罪，您又怨得了誰呢？」

向氏聽了更爲迷惑，以爲國氏又再度騙他，於是不吭聲的走了。半路上，遇到東郭先生，就問他這件事的道理。東郭先生只好一五一十的開導他說：

「連你的生命都可以說是偷來的，那是偷取天地之氣，陰陽調和而產生的。而你平日生活所需的一切外物，也無一不是取之於天地。因為天地萬物本來是一體而不相離，如果橫奪他物據為己有，那是天大的昏惑。老子曾說：『吾所以有大患為吾有身』如果能把形骸與萬物齊一看待，那麼你不偷也擁有萬物，而你刻意去偷得了萬物，自己也一無所有啊！而國氏所偷的是天地的公產，那是一種『公偷』並不妨害他人，所以不會惹來禍災，而你偷的是他人的私產，侵佔他人的利益，所以會遭受科罰。話說明白些，老把公的私的分得清清楚楚的人，就和小偷沒什麼兩樣。而一心認為自己不分公私的人，帶有勉強去私為公的心理也和小偷沒有兩樣。因此，公公私私是天地之理，知道天道的至理，那裏還分得出誰是偷竊，誰不是偷竊。」

第二卷　黃帝

生命是很奇特的東西，有人說它像老虎一樣「順之則喜，逆之則怒」，因此對生命的處理，要在一切「順性」，就像「華胥國」一樣，沒有領袖，沒有長者，大家都順著自然生長，沒有生死，沒有憂喜，大家都順水不溺，蹈火不熱，直到超脫忘我的時候，便能夠憑虛御風，飄飄若仙。

由於這種渾然忘我的道理，可以產生許多有異術的奇人，如商丘開的「不死之術」，趙襄子所看到的「火中奇人」，孔子所看到的呂梁泳者……都是順著心念，忘却世俗，而潛水不溺，蹈火不傷的奇人。也因爲他水火不傷，一般人都以爲他有道術，紛紛向他請教，但他也茫茫然無所知的告訴人們，他只有一顆順性的誠心而已。

一個對生命通達的人，平日不爲俗物所拘，不爲情欲所累，所以能夠「知天命」「超美醜」，就像宋國旅館主人，不愛美妾却寵醜女，又在「同智不同狀」裡認爲，人只是七尺之軀，有手足之分，有髮有齒的動物而已，而有人形的不一定有人心。相反的，禽獸只是指有翅膀，有角有爪牙的動物而已，但有獸形不一定沒有人心啊！

最後，談到「養志」，必須專一凝靜，穩如泰山，就像一隻善鬪的鷄，並不是外表看來昂揚氣盛，而是一隻無志於鬬的木頭鷄；一個用劍都刺不進去的勇者，並不是外表看來孔武有力的武夫，而是深藏不露，無所威嚴，却能使人無志於刺的孔墨。

1. 華胥之國

黃帝卽位十五年以後，很高興天下的人都擁戴自己，沒有什麼可躭心的了，於是轉移精神，致力於養生。首先，他盡情於耳目口鼻的享受，結果，不但不能滿足心意，反而弄得精神憔悴，皮膚黝黑，甚至喜怒哀樂怨等五情，也搞得昏惑迷亂。於是，其次的十五年，他改變做法，把全付精神用在治理國家，天天躭心天下不能治好，所以，更竭盡心力爲百姓操勞，結果精神更憔悴，皮膚更黝黑，五情更昏亂。

在一籌莫展的情況下，黃帝就很感嘆地說：

「哎！我的做法一定操之太急了，我只注重保養自己，要不然就太操勞自己，所以心胸永遠不能開朗。」

想了又想，然後決定把政事擱在一邊，離開豪華的寢宮，遣走服侍的僕妾，撤走幽雅的鐘鼓，減少美味的飲食，避居在宮廷角落的館舍，摒除雜念，聚精會神的調養身心，三個月中都不處理政事。

有一天，黃帝正午睡時，做了一個夢，夢見自己到華胥國遊歷。

這個華胥國遠在弇州的西方，臺州的北方，不知道離中國㊀有幾千萬里，所以不是車船或徒步可以到達的地方，唯有精神恍惚時才能去神遊一番。

在華胥國，沒有領袖，沒有長者，一切都聽任自然。那裡的百姓也沒有什麼慾望，大家都順著自然生活，不知道生的快樂，也不知死的可憎，所以也沒有「夭折」「早死」的憂慮。他們不分什麼是該親近的，不分什麼是該疏遠的，所以也沒有喜愛或憎惡的分別。平日裡，也不知道那些該違逆的，那些該順從的，所以也不會產生利害的念頭。並且因爲沒有什麼值得愛惜，所以也毫不畏懼，毫不禁忌。

因爲無所畏忌，所以沒在水裡不會沉溺，進入火中不會炙熱，砍他打他也不會受傷，抓他搔他也不痛不癢。飛在天上如走平地，睡在空中好像臥在床上，雲霧不能遮住視線，雷霆不會擾亂聽覺。事物的美醜不會使他動心，山谷的險峻不會使他跌倒。總之，一切都麼神妙、超脫、自由自在。

黃帝醒過來以後，心有所悟，覺得非常快樂。於是把天老、力牧、太山稽三個大臣召到跟前，告訴他們夢中的情境，然後說：

「我避居三個月，全心全意的調養身心，想要找出養生治世的方法，結果沒有得到方法，却因太疲倦而睡著了，才作了這樣的夢。夢醒以後，我才了解，真正的『道』是不能用思索去尋求的，反而可以在夢中無意得到，所以我迫不急待的告訴你們，讓你們分享。」

又過了二十八年，黃帝把天下治理得很好，簡直就像華胥國一樣。不久，黃帝駕崩，百姓十分敬仰他，所以二百多年間仍然以黃帝稱呼他。

列姑射山㈡，在海河的沙洲中，山上有神仙居住，他們平日吸風飲露，不食五穀，心境像山泉一樣的清澈寧靜，外貌看起來就像少女一般的天真端莊，平易和藹。他們相處不狎匿不親愛，却人人各盡其職，各守本份；不恐懼，不發怒，却人人誠心相待，沒有君臣之分，沒有尊卑之別，不施予不受惠，却各自滿足；不聚財不斂物，却不缺乏用度。陰陽調和，日月光明，四時和順，風雨如常，因此生兒育女，順生順長；年穀收成，豐富有餘。土地肥沃沒有災害，人心善良，不戕不害，物類齊長而無病害，鬼神安居而不顯靈作怪，正是黃帝所嚮往的仙境。

附註

㈠ 原文是「齊國」，齊，中也，指中國。

㈡ 出自山海經藐菇射山。

2. 列子御風而行

列子拜老商氏爲師，與伯高子爲至交好友，盡其力學習他們的技能，學會了憑虛御風後，就很高興的「乘風歸來」，造成了一時的轟動。

尹生聽說列子學了絕技回來，就跟隨著列子，想向他學「御風而行」的道理。於是住在列子家很認真的做各項事情，連家都沒有回去。幾個月裡，凡是遇到列子空閒的時候，就纏著請教他「御風而行」的技術。但是，要求了十多次，列子都沒有理他。尹生心裡怨恨，只得向列子辭行回家，列子也沒有說什麼就讓他回去了。

尹生回到家，住了幾個月以後，心裡後悔，於是再到列子那兒，要求繼續拜他爲師。列子說：

「你怎麼來了又去，去了又來？」

尹生說：

「以前我向您請教，您什麼都沒告訴我，我心裡覺得很納悶，所以我就回去了。可是這段日子，我忽然有所領悟，知道自己太急切，太魯莽，所以我又回來了。」

列子說：

「以前我認爲你很通達，所以不跟你多說，但自從你走後，我才知道你有所閉塞，不開導你是不行的。來！你坐下來，讓我告訴你，我以前怎麼向我的老師求教。」

列子繼續談他拜師勤學的經過：

「自從我拜老商爲師，拜伯高爲友以後，經過了三年時間的磨鍊，變成心中不敢有是非的念頭，口裡不敢說利害得失，才勉勉強強贏得老商多看我一眼而已。五年以後，我又變成另外一種心念是非，口言利害的心境，才勉強博得老師會心一笑。經過七年以後，已經達到從心所念而無是非對錯，隨口所言而無利害得失了，老商才要我跟他並席而坐。過了九年以後，任由我心中所想，口中所說都不會涉及是非利害了。那時，不知是非利害，也不知老商是我的老師，不知道伯高是我的朋友，但覺內外如一，通體光明，可以把眼睛當耳朵，耳朵當鼻子，鼻子當嘴巴，都沒有差別。於是心神凝聚，形體消釋，骨肉融化，好像身子所依附的是木幹，脚上所踏的是葉片，不知不覺，隨風飄浮，忽東忽西，最後我也分不清楚是「風乘我」，還是「我乘風」了㊀。而你現在拜在我門下爲弟子，還不到一個時辰，就怨憤不滿起來，在這種情形下，你身體的任何部份，天地之氣都不會接受，四肢任何部份都無法載動，那你又怎能飄浮起來呢？不能飄浮就永遠無法『憑虛御風』啊！」

尹生聽了很慚愧，屏息呆立良久，再也不敢說話了。

附註

㊀參考莊子齊物論：莊周夢爲蝴蝶，俄然覺則蘧蘧然周也，不知周之夢爲蝴蝶，抑蝴蝶之夢爲周歟？

3. 不射之射

列子爲表現他的技巧給伯昏无人看，所以搭箭拉弓，然後放一個裝滿水的杯子在手肘上射箭，箭射出去，立刻又射第二枝，連續數箭都射中目標，而手肘上的杯水一滴都沒有濺出。列子專心的樣子就像木偶一樣。但伯昏无人卻說：「你剛剛表演的只是射箭技巧，根本還沒達到渾然忘我的高超技能，讓我們找個時間，到高山那兒，站在危崖上，面對百丈深淵，如果你還能射發如一才是真功夫。」

於是伯昏无人就和列子登上高山，站在危崖上，背對百丈深淵，脚跟懸在空崖中，然後向列子鞠了一個躬，請列子射箭。

列子看到這種情況，早就嚇壞了，伏在地上，一動都不敢動，緊張得汗都流到脚跟上了。伯昏无人說：

「一個真正會射箭的人，可以上闚青天，下潛黃泉，拿起箭來，放縱自如，神色不變，這種射法叫做『不射之射』，而你現在竟然心裡緊張，眼神不安，怎麼有資格談射箭呢？」

4. 不死之術

晉國的范氏有一個兒子叫子華，平日喜歡結交一些俠客，並供給食宿，在國人心目中頗爲有名氣，晉國國君也因此很寵愛他。雖然沒有做官，他的威望却凌駕三卿之上，凡是他看中的人，都可得封爵，他所嫉視的人，必受罷黜，出入他的宅院的人，多得像上朝的百官。子華平日放縱那些俠客相互鬪智、鬪力，即使殺傷了人，他看了也毫不在意，從早到晚都做這些鬪狠的遊戲，引以爲樂，以致於晉國遍布這種鬪智鬪力的風氣。

范氏有兩個上客，禾生和子伯。有一次，兩人到野外遊逛，夜晚住在一個名叫商丘開的農夫的家裡。

半夜裡，禾生和伯子兩人談論到子華的威勢時，說子華可以使生者死，死者生，富者貧，貧者富。這些話被商丘開躲在北窗下偷聽到了。他原本是一個貧寒人家，聽了這些話就大爲動心。於是向人借了糧食，扛著畚箕，去投靠子華。

子華的門徒都是世族人家，穿絲綢，乘大車，昂首濶步，驕傲自恃。看到商丘開年老力衰，面目黝黑，衣冠不整，根本不看在眼裡。甚至捉弄他、欺騙他、推他、打他，極盡凌辱的本事，但商丘開並不因此而生氣。所以日子久了，門徒們也就懶得再侮辱他了。

後來，他們和商丘開一起爬上高台，開玩笑的對商丘開說：「誰敢從這裡往下跳，就賞他百金。」大家都在旁邊鼓噪慫恿。商丘開信以爲真，就不顧一切，率先跳了下去，宛如飛鳥落地一樣輕快飄逸，著地以後立刻翻身立起，肌骨毫無損傷。范氏的門徒以爲他是僥倖，不值得奇怪，所以指著河中彎流，水又深的地方，對商丘開說：

「這裡水底有珠寶，敢潛水進去的人就可以得到它。」

於是商丘開又毫不遲疑的跳進河裡，潛入水中，不一會兒，就看到他浮出水面，手裡果然拿著珠寶。這時大家才面面相覷，覺得蹊蹺。從此以後子華就厚待他了，供給他美食華服，讓他加入上客的行列。

不久，范氏的倉庫發生火災，子華說：

「誰要是能進入火中把庫裡的綢緞搶救出來，就統統賞給他。」

商丘開毫不猶豫，在大火中從從容容的進進出出好幾趟，把綢緞一一搬出來，而煙燻不倒他，火燒不焦他。所以范氏的門徒都以爲他是個會道術的人，大家爭著向他道歉說：

「我不知道你是會道術的所以才敢欺騙你，不知道你是一個神人所以才敢侮辱你。」

「你真會愚弄我，害我在你前面變成傻瓜，變成瞎子一樣，不知真人就在前面。」

「敢請告訴我你的道術好嗎？」

商丘開說：

「其實我根本沒什麼道術，連我自己也不知道是什麼一回事啊！不過有一點倒可以告訴你們。從前你們之中有兩個人曾經投宿我家。我聽他們說，范氏的威勢可以使生者死，死者生，富者貧，貧者富，我信以爲真，所以不遠千里來到這裡。來了以後，我也認爲大家說的都是真的，我唯恐自己相信得不夠真誠，做得不夠努力，所以當時根本沒有考慮到自己的身體，自己的生命利害。我只是專心一意，心無雜念就去做那些事而已。然而，現在我已經知道你們在騙我，我的心裡已有懷疑的念頭，必須留心聽，注意看，處處防備別人，就會分心分神，無法專注。回想以前所做的事，雖然當時沒有受傷，現在想來，真是令我膽戰心驚，如果再要我進入水火中，已經是不可能的了。」

從此以後，范氏的門徒在路上遇到乞丐和馬醫，也都不敢再輕視侮辱他們，一定下車和他們打招呼。

孔子的弟子宰我聽到這件事，就告訴孔子。孔子說：

「你不知道嗎？完全信任別人，不懷疑別人的人，就會感動萬物和天地鬼神，縱然走到宇宙盡頭，也沒什麼阻礙，何況只是踏入危險的地方，進入水火之中而已。商丘開連假的事情都信以爲真，而沒有阻礙，何況對方和自己都有誠心時，更不用說了，希望你好好記住這點。」

5. 養虎之法

周宣王的牧正㊀有一個僕役叫做梁鴦。他善於馴養野性的飛禽和走獸，只要經他飼養在庭園以後，縱然像虎狼鵰鶚之類的猛禽猛獸，無不變成溫馴可愛。所以他的庭園裡，各類飛禽走獸，雄雌雜居，繁衍成羣，都不會互相撲擊吞噬。

宣王非常欣賞他這種技術，擔心他死了以後，沒有人接傳。所以命毛丘園向他學習，以便承傳他的特技。

於是毛丘園就拜梁鴦爲師，但梁鴦却告訴他說：

「我只是一個低賤卑微的僕役而已，沒有什麼技術可以教給你，但我又躭心君王誤認我有所隱瞞。所以，我只能告訴你一句話，我養虎的方法是——順之則喜，逆之則怒。這個特性是所有動物的本性，然而，一般動物的喜怒難道是隨便發生的嗎？不是的。一定是違背了牠的本性侵犯了牠時才會發怒的。一般養虎的人，餵食物時，都不敢把活生生的動物給牠吃，原因是怕牠殺動物時激起憤怒，也不敢把整隻的食物給牠吃，怕牠在撕裂時激起憤怒。應該趁著牠饑餓時適時給牠食物，使他滿足而不發怒。老虎和人是完全不同類的，能夠使牠順從，完全靠依其本性去滿足牠，而不要殺戮激怒了牠。雖然我不敢違背牠的本性衝犯牠，我也不敢為了順從牠太驕縱牠，使牠太高興而轉為發怒啊！凡是太違背或太放縱都沒有弄清楚老虎的本性。所以我和這些禽獸相處，都沒有順逆之心，那麼牠們就把我看成和牠同類，所以在我的庭園中生活的禽獸們，都過得安和適性，不會想回到森林或曠野中去，住在我的庭園裡自得其樂不願回到深山幽谷，這完全是使牠們各得其性而相安不相殘的原因所在。」

附註

㈠ 牧正是古時管理養禽獸的長官。

6. 操舟之妙

顏回問孔子說：

「我曾經想渡河，却苦於河水太深沒法渡過，正好有撐船的人，用很神妙的技術在划船，於是我問他，划船的技術可以學嗎？他說可以，向懂得游泳技術的人請教，因爲善於泳技的人，瞭解水性，其他連帶的技術也都會，我又問他，一個會潛水的人如果不曾看到過船，可以拿起槳就會划船嗎？那個人不肯回答我，不知道是什麼原因？」

孔子說：「一個會游泳的人可以教你操舟，是因爲他已經熟於水性，不把它當成一回事。而非常擅長游泳的人會好多水中的技能，那是他在水中時，動作純熟得幾乎忘了他是在水中啊！至於會潛水的人不曾看過船也會操舟，是因爲在他眼裡，深淵好比山陵，翻船好比覆車，什麼東西在他前面翻覆都不會使他慌亂，那麼做起水中的任何事情都能好整以暇，不慌不亂，那操舟在他來說，根本不算一回事了。常聽人說，如果用瓦片來投擲，可以精巧準確，用鐵鈎來投擲就心中有所顧忌而投不準，如果用黃金來投擲，一擲千金之下自然心中發昏，兩手發麻，百投不中了，縱然他的技巧一樣精到，但心中受外在的影響而不安，就無法專致準確了，所以凡是『重外的就拙於內』。」

孔子在呂梁山觀看對面的瀑布，但見水高三十丈，沖向河底，廻流三十里之遠，水勢湍急，連魚鼈都沒法游過去。

突然，看到對面一個人，不顧大水奮勇跳入，最初以爲他是受了什麼打擊而跳水自殺，所以叫學生們站在岸邊看住，以便搶救。沒想到，大約距他跳下一百步的地方，他又冒出水面，走到附近的沙洲上，披頭散髮，悠然自得的唱著歌。

孔子走前去問他說：

「這裡的瀑布高三十丈，沖到水裡產生三十里的廻流，連魚鼈都沒法游過去，而我剛剛看你跳進去，以爲有不可告人的痛苦而自殺，所以和弟子順著水流守著你準備搶救，沒想到你却披髮行歌，若無其事，我還以爲你是鬼怪呢！但仔細察看你却是一個人。請問你潛水是不是有特別的秘訣？」

「沒有啊！我只是順著水性保住我的生命而已，當水翻湧時我跟著它翻湧，水下沉時我跟著潛入，完全順著水性而不因自已的想法違背它，這就是我的秘訣吧！

這個道理也可說是『始乎故，長乎性，成乎命』。」

孔子說：「什麼叫做『始乎故，長乎性，成乎命』？」

「很簡單，就是任其真性，隨遇而安，譬如我生長在山陵就安於山陵生活，生長在水邊就安於水上生活，不知道爲什麼這樣却就這樣的生活著，這就是最真誠的生活——順性。」

7. 海鷗知言

有一個住在海邊的人很喜歡海鷗，他每天早晨都跑到海邊和海鷗嬉戲。飛來這裡的海鷗不下數百隻。他的父親覺得很奇怪，就對他說：

「聽說海鷗都跟你遊嬉，你明天替我捉一隻來，讓我也跟牠玩玩。」

第二天一到海邊，所有的海鷗只在天空飛翔，無論如何都不肯下來。

因此有人說：

「真正的語言是不用語言，真正的行爲是不表現行爲，常人的智慧多麼粗淺啊！」

8. 火中奇人

趙襄子帶領了十萬徒衆到中山（地名）打獵，踐踏草原，焚毀山林，想把野獸逼出來，便於打獵。於是，火勢蔓延百里，燒得十分熾烈。

忽然，有一個人從石壁中走出來，隨著煙霧爬上爬下，大家都以爲是個鬼怪。不久，大火過去了，那個人才慢慢走出來，若無其事的樣子，好像這場火與他完全無關。

趙襄子覺得很奇怪，就把他留住，仔細的觀察他。但他身體形貌，皮膚顏色，耳目口鼻，氣息聲音，明明是個普通人。就問他說：

「你怎麼住在岩石中，又怎麼會跑到火中去呢？」

那個人反問說：

「什麼是岩石？什麼是火？」

「你剛才走出來的地方就是岩石，所走過的地方就是火。」

「我不知道你所說的這些事。」

後來，魏文侯聽到這些事，就問子夏說：

「這會是怎樣的一個人呢？」

「我聽我的老師（孔子）說過，『和』便是萬物大同合而爲一，能把『和』字放在心理，就沒什麼能傷害他，這種人縱使鑽入金石，行於水火都是可能的。」

魏文侯又說：

「那你爲什麼不這樣做呢？」

子夏說：「把心挖掉，把智慧丟掉，這我還做不到，雖然不能做到，但我已經嘗試著去做一段時間了。」

文侯說：「那麼你的老師怎麼不那樣做呢？」

子夏說：「我的老師當然做得到，只是他不想做而已。」

魏文侯聽了很高興，就沒有再說什麼了。

9. 神巫的虛妄

齊國有一個神巫，名叫季咸㈠。他能預知一個人的生死存亡，禍福壽夭，甚至能算出是何年、何月、何日發生，一點都不差錯。自從來到鄭國以後，鄭國人見了他都紛紛走避，怕他說出不吉利的事，無法忍受。

唯有列子見了他，非常崇拜他高深的道術，立刻回去對他的老師壺丘子說：

「以前我以爲先生的道術很高深了，現在又遇到一個更高深的人。」

壺丘子說：

「我傳授給你的只是外表的虛文，還沒有談到內在的真情，你就以爲得道了嗎？譬如一群雌鳥如果沒有雄鳥，那裡能生出有生命的卵來呢？你用道的外表虛文來和世人計較，想勝過他人，所以容易被人看穿底細。你不妨邀他一起到我這裡，讓我們考驗考驗。」

第二天，列子請季咸一同去見了壺丘子。季咸出來後，立刻告訴列子說：

「真不幸！你的老師快要死了，已經活不過十天了，因爲我在那裡看到一個怪相，你的老師像一團濕灰。」

列子進去，哭得眼淚都濕透了衣襟，吞吞吐吐的把情形告訴壺丘子。壺丘子說：

「剛才我給他看的是陰勝陽的地文㊁，所以表面看起來不動不止，像土塊一樣，一團濕灰。既然他看到的是我把生機杜塞後的形體，當然說我活不久了，你再請他來相相看好了。」

第二天，又請季咸一同去見壺丘子。季咸出來對列子說：

「真幸運啊！你的老師遇到我，已有轉好的希望了，我看到他閉塞的生機開始活動了，全然有生氣了。」

列子進去，把這話告訴壺丘子。壺丘子說：

「我剛才給他看的是陽勝陰的天壤㊂，舉不出他的名稱，說不出它的實際，只是一點生機從後脚跟發出來，他大概看到生機的生長吧！你再請他來相相看。」

第二天，列子又請季咸一同見壺丘子。季咸出來告訴列子說：

「你的老師變化不定，我沒法給他相命，等他固定了再給他相。」

列子進去，把這話告訴了壺丘子。壺丘子說：

「我剛才給他看的是不偏不倚，陰陽相和的太沖之氣㊃，他大概看到我陰陽二氣絕對平衡，鯢魚盤旋成淵，止水下的深流也盤旋成淵，順流而下的水也盤旋成淵，淵有九種㊄名稱，我給季咸的只是這三種。你再請他來相一相。」

第二天，列子又請季咸一同去見壺丘子。季咸看了，還沒站定，就驚慌失色的逃走了。壺丘子說：

「把他追回來。」

列子沒追上，只好回來告訴壺丘子說：

「已經不見了，已經跑掉了，我追不上他。」

壺丘子說：

「我剛才給他看的仍還沒有超出我的大道，我對他應機順變，使他搞不清我是怎樣的人，我依著事理變化無窮，隨著大化波流不已，他不能窺測我，所以只好逃了。」

從此後，列子自以爲沒有學得大道，回家三年不出門，替他的妻子燒火，餵豬像侍奉人一般，對世事毫不關心，去人事的繁文雕琢，恢復樸實純真，遺然獨立塵世之外，在紛擾的人世中虛靜自持，就這樣享了天年。

附註

㈠ 此與莊子應帝王所載同，但莊子不云季咸齊人。

㈡ 至人其動也天，其靜也土，其行也水。地文指塊然如土，故濕灰。

㊂ 天壤有覆載之功，比地文大而有生機。

㊃ 太沖，太虛也，皓然泊心，玄同萬方，莫見其迹。

㊅ 鯢水、止水、流水、濫水、沃水、氿水、雍水、汧水、肥水。

10. 列子驚懼

列子到齊國，走到半途又折回，遇到伯昏瞀人。伯昏瞀人說：

「爲什麼中途回來？」

列子說：

「我因爲心中驚懼。」

「爲什麼驚懼？」

「我曾在十家賣漿店吃飯，有五家很快的先送給我吃。」

「這樣，又有什麼好驚懼的呢？」

「我在想，我可能因爲內心誠靜不夠，不能虛心，擧動輕浮，而空有威儀，用這個空架勢來鎭服人心，使人看我比年老的人還受尊重，恐怕禍患就要臨頭了。賣漿的人只做些飲食小買賣，賺點微利，所得極少，權力又輕，還這樣的競相爭取我。何況萬乘的君王，爲了國家形體勞瘁，爲了政事心智憂愁，如果他也想用我擔任國事，而責求我的功勞，那我將怎麼辦，所以我心裡驚懼。」

伯昏瞀人說：

「你體察的很入微，你只要靜居一處，自然會有人來歸附你。」

過不了多久，伯昏瞀人又去看列子，到了門口，看到門外的鞋子都排滿了（表示請教的人多）。伯昏瞀人在北面站著，拄著杖子，下巴靠在杖頭上，站了一會兒又不聲不響的走了。接待賓客的人去告訴列子。列子提著鞋子，赤著脚，跑到門口說：

「先生既然已經來了，爲什麼不指教我就要走了。」

伯昏瞀人說：

「算了吧！我已經告訴過你，人們將歸附你，現在果然都來歸附了。這不是你能讓人歸附你，而是你不能使人不歸附你，你爲什麼要表現出讓人覺得你與衆不同呢？這必定是你有所感人的地方，因此動搖了你的本性，這也是無所謂的啊！而和你在一起的人又不告訴你，他們所說的又都是小人之言，盡是毒害人的，不能使你覺醒，使你啓悟，對你一點用都沒有用啊！」

11. 楊朱悔悟

楊朱㈠到南方的沛縣去找老子，正好老子到西方的秦去遊歷，於是只好相約在郊外見面，結果到了梁才碰上老子。老子在中途仰天長嘆說：

「起初我以爲你還可以教育，現在才知道你根本不堪造就。」

楊子聽了也不答話，到了旅舍，侍奉老子洗漱完畢，就脫了鞋子放在門外，膝行向前請教說：

「剛才弟子想請問夫子，而夫子正在走著，沒有空閒，所以不敢問，現在夫子空閒了，請問夫子剛才說弟子不可教，是什麼緣故？」

老子說：

「你態度高傲，目空一切，人看了就不順眼，誰敢跟你在一起呢？一個真正清白的人，不自以爲清白，反而覺得有缺點似的，一個有盛德的人，不自以爲清高，反而覺得自已欠缺什麼似的（原文「大白若辱，盛德若不足」）。」

楊朱聽了，臉色都變了，然後說：

「我敬受您的教誨。」

當楊朱來旅舍的時候，旅舍的客人都迎接他，旅客主人替他安排座位，女主人替他拿漱洗用具，先來的客人都躲開了，燒飯的都不敢在厨房。等到楊朱要離去的時候，旅舍的客人都和他很親熱，有的竟和他爭席位了。

12. 柔弱勝剛強

楊朱到宋國，經過一家旅店，就在那兒住宿。旅館主人有兩個妾，其中一個很漂亮，另一個却很醜。然而醜的很受主人寵愛，漂亮的反而不被喜愛，楊朱覺得很奇怪，就問他原因。旅舍主人回答說：

「漂亮的只是她自己漂亮，我不以爲她美麗，醜的只是她自己醜，而我不以爲醜就好了。」

楊朱聽了就告訴弟子說：

「記住這句話哦！一個人只要行事無愧，人家就知道你的賢德，那麼走到哪裡都受人歡迎的。」

天下的道有時須要深入去想才能明白，譬如剛強的並不能常保有勝利，反而是柔弱的可以常勝。這個道理，看起來很容易，但一般人却不瞭解。所以上古人論強弱時，強的就以弱的爲標準，弱的就以強的爲比較對象，這樣一來就可以去除爭勝之心，因爲和較弱的比較以後，再碰到強的人就會畏懼而不和他競爭。

粥子說：「欲剛必以柔守之，欲彊必以弱保之。」這也是說能在柔弱上下功夫，自能變成剛強不敗，保有常遠的勝利。所以看一個人禍福的趨向，只要看他是否在柔弱處下功夫就可以明白了。

一個強者雖然可以勝過弱者，但是強有強中手，如果遇到和自己一樣強的，就會因爲太剛強而折敗。所以能夠用柔弱的功夫來使剛強的屈服，那才是令人佩服的事啊！老子說：「木彊則折」（彊同強），正說明柔弱的才能生存，剛強的終會被消滅。

我們比較一件事物，外表的形狀不一定要相同時，就要內在的智力相同，智力不一定相同時，就要外形相同。而聖人側重智力輕視外貌，一般的人側重外貌輕視智力。因此之故，對外貌和我相同的人，就喜愛他常常親近他，外貌和我不同的就害怕它，疏遠它。

現在讓我們看看，一個體高七尺，手脚不同，生髮長齒，會靠會走的動物就叫做人。然而外貌是人，說不定他的心是獸心，但縱然是獸心的人，外表看起來是個人，所以看到了就覺得很親近。而長翅生角，突牙利爪，或飛或竄，或伏或跑的動物就叫做禽獸。然而禽獸說不定也有人心，但縱使獸有人心，外表是禽獸，我們還是疏遠牠們。

傳聞中說，庖犧氏、女媧氏、神農氏、夏后氏，都是蛇身，人面，牛首，虎鼻，他們都沒有像人的外貌，却不失爲一個大聖大德的人。相反的，夏桀、殷紂、魯桓、楚穆的外貌七竅都和人一樣，却都是禽獸心，無惡不做。一般的人單單抓住一個外貌就想求得真正智慧，那是不可能的。

黃帝和炎帝大戰于阪泉，率領了熊羆狼豹貙虎等獸當他的先鋒，以鵰鶡鷹鳶等禽爲他的旗幟，這是聖人以神力指揮禽獸的明證。

堯曾派夔演奏音樂，一陣敲敲打打以後，百獸都跟著節拍跳起舞來了，用簫吹韶樂（簫韶，舜所制樂），一連吹奏了九章以後，鳳凰都慕聲來聽，這是以人的音樂來感動禽獸的事實。

從這個事例看來，禽獸的心和人有什麼差別呢？一般人的外形和聲音不同於禽獸，就以爲人與禽獸無法溝通，不知道怎樣交往。只有聖人是無所不能，無所不通，所以能夠引發禽獸的人心，和人互通性靈。

禽獸的智力和人差不多，都懂得怎樣維生，不須靠人類的教導，都懂得雄雌相配，母子相親，也懂得避險就平，去寒就溫，平居時成群，外出時成列，幼小的在內圈被強壯的在外圍保護著，有喝的互相帶路，有吃的就鳴叫通知，那種聰明和人沒有兩樣。

太古的時候，這些禽獸和人雜居一處，共同生活，和人走在一起，毫不畏懼。到帝王時代，才被人類驅逐，驚慌的散亂開來。到後來，一個個都隱避逃竄，怕被人傷害，所以就和人類越離越遠了。

在東方有一個介氏國，那個國家的人瞭解豬狗鷄羊等家畜的語言，而太古時候的聖人能懂得萬物的情態，異類的聲音，把這些禽獸聚集在一起，教導牠們一些事情，都能像人一樣學得很好。所以會合神明，糾集人民，集結禽獸蟲蛾，凡是血氣動物的心智都沒有多大區別啊！太古的神聖知道這個道理，所以他們教訓引導不遺餘力。

13. 朝三暮四

宋國有一個喜好養猴的人，大家都稱他狙ㄐㄩ公。狙公養了成羣的猴子，與他們相處久了，狙公瞭解猴子的意思，猴子也懂狙公的心意。

狙公花光了家裡的口糧來滿足猴子的欲望，弄得食物缺乏，只好限制猴子們的糧食，但又怕猴不肯聽從。於是騙他們說：

「明天開始早上吃三個晚上吃四個茅栗子，不知道滿不滿意。」

猴子們聽了都非常生氣，一個個不滿的站起來，過了一會兒狙公又說：

「這樣好了，改爲早上四個晚上三個，總可以吧！」

猴子們都非常高興。

人世間許多粗鄙不足道的事情，反而被人推尊得很高，這和猴子一樣的可笑。聖人靠他的聰明愚弄百姓，反而受到百姓的尊寵，正好像狙公以他的聰明受到猴子的尊寵。

14. 善鬬者無志

紀渻ㄕㄥ子替周宣王養鬬鷄。養了十天，周宣王問說：「養好了沒有，是否可以鬬了？」

紀渻子回答說：「還沒有，鷄性驕矜，好勇鬬狠，不能使用。」

再過了十天，又問。回答說：「還沒有，還是聽到聲音，看到影子就衝動起來。」

過了十天又問。回答：「還不行，仍然眼光銳利，意氣強盛。」

又過了十天再問。回答說：

「差不多了，已經變成聽到別的鷄叫一點反應都沒有了，看過去就像木頭鷄一樣，呆頭呆腦，血氣已失，性能完備，其他的鷄沒有敢應戰的，一看就回頭跑了。」

最善於鬬擊的是屬於無志於鬬的。下面的故事也一樣。

惠盎去拜見宋康王，康王正在既煩又怒的走來走去，口中念念有辭，看到惠盎，就生氣的說：

「我所喜歡的人是有勇力敢犧牲，而不願聽什麼仁義道德，你想向我說什麼？」

惠盎回答說：

「臣這裡有一個秘訣，可以使人再勇敢也刺不進去，再大力也擊不中，難道大王也沒興趣嗎？」

康王說：

「那很好，這是我想聽的。」

「使人刺不進去，打不中雖然很好，但已使被刺被打的人受到侮辱，我現在更好的方法，可以使人不敢刺，不敢打。然而使對方不敢打不敢刺，並不能使對方屏除想打想刺的意念，臣現在有一個辦法可以使對方變成不想打不想刺。那就是要使對方沒有愛利之心。能夠去除愛利之心天下的男女都會景仰他，尊敬他。比起有勇力的不知要高出多少倍。大王難道不想找那麼一種人嗎？」

康王說：「那正是我想找的人啊！」

惠盎說：「他就是孔丘和墨翟啊！他們兩人沒有封地但受人尊敬不亞於一個君主，沒有做官，但成爲人中的領袖，天下的男男女女都伸長脖子，墊高脚根，願意得到他的照顧而過安樂日子。現在大王擁有萬乘兵車，又有誠心安撫天下，如果去除愛利之心而言仁義，那麼四境的百姓都可因大王而受惠，那種賢德和恩惠比孔墨還要廣大。」

宋王聽了沒有話回答。惠盎看到目的已達到，也就很快的退了出來。

宋王告訴左右的人說：「這個人真會辯說，連我都被說服了。」

第三卷　周穆王

前人說：「夢裡以爲是真，醒來不信是夢。」

人世間的事，往往黑白難分，真假莫辨，今天認爲有意義的事，過了一段時日變成白費精力，白天刻意追求的人事，夜深人靜，細細想來，竟是一週串的何苦？

何苦汲汲營營於名位，何苦忙忙碌碌於貨財，何苦得得失失於情愛？人生本是幻，執著於身外俗物，又何苦來哉！

「周穆王神遊」以後，才知道天下美妙的事物，就在自己的身邊，以前捨近求遠，不知自愛，完全是自己內心的迷惑。「老成子學幻」的基本功夫是要忘却自己，才能生死如一，才能使寒暑顛倒，使大地冬天打雷，夏天結冰。

看開了自己，不爲俗世羈絆，才不會「日有所思，夜有所夢」，管他神形相感，都凝定純一，無夢無我。像「古莽國」的無晝，「阜落國」的無夜，一個安然靜息，一個攻伐擾嚷，但比起「中央國」的晝夜分明，禮俗煩多又如何呢？

看穿一夢一覺的真假，才能明白「苦樂真相」，就像老僕白天爲僕役，晚上夢見自己當國君，一苦一樂，和真國君又有什麼分別。

既然，「夢裡以爲是真，醒來不信是夢」，那就不如學學「華子的健忘症」，暫時忘却一切世俗的煩惱。那麼，誰也不知誰是迷罔的，誰也不敢說他的人生最有意義，大家活在一個人私自所擁有的精神國度裡，無論悲喜，得失都能夠化解開來。這一卷所談的就是這些，慢慢看。

1. 周穆王神遊

周穆王在位的時候，從西域來了一個化外之人。他的神通廣大，可以入水火，穿金石，如入無人之境，又可以過山川，經城鎮，如履平地。憑空而行不會墜地，穿牆而過毫無阻礙，真是千變萬化，高不可測。穆王把他看成神一般的尊敬，當成君王一般的侍奉。選最好的房屋給他住，奉上最好的牛羊豬肉給他吃，挑最漂亮的女樂給他娛樂。

但是那個化外之人覺得穆王供給他住的宮室卑陋不堪，不能居住，廚子所做的菜腥膻臭餿，難以下嚥，替他選的嬪妃全身惡臭，難以親近。

穆王只得替他改建宮室，動土木、上油漆、鬼斧神工，一應俱備，弄得府庫空虛，百工疲憊，好不容易造成一座高臺，千仞屋頂，高聳入雲，下望終南山，好不悠然，於是命名爲「中天臺」。

又挑選鄭魏一帶婀娜多姿，曼妙美麗，飃逸娥眉，遠處傳香的女子，命她們揷上釵笄，帶上耳墜，穿上綢緞，襯上齊國的紈服，真個是粉白黛綠，美不勝收，又命她們佩玉環，掛香袋，聚集在一起演奏承雲（黃帝樂）、六瑩（帝嚳樂）、九韶（舜樂）、晨露（湯樂）等曲子供他欣賞，而且每個月都獻上最珍貴的衣服，天天奉上最美味的食物，化外之人還是不很滿意，勉勉強強的去看看，應付應付而已。

住不了多久，化外之人請穆王一起出遊。

於是穆王拉著化外人的衣袖，立刻騰空飃起，直奔天上。睜眼一看，已在化外之域了，跟隨化外人進入宮室，但見金銀砌成的宮室，綴滿珠玉，金碧輝煌，舉目外望，宮室就在雲雨之上，好像房舍也騰附雲上一般。耳所聞，目所見，鼻所嗅，口所嘗，都不是人間所有，穆王這時才領悟到以前天帝所住的清都、紫微、鈞天、廣樂是何等豪華舒適。

穆王心想，這麼美好的地方，就是住上十年也不會想回去。正想著，化外人又請他再往他處看看。所到之處，仰望不見日月，俯視不見河海，光影所照射的地方，光彩奪目，令人雙目眩惑不敢正視，音響傳來，懾人心魄，使穆王兩耳迷亂無法細聽，全身百骸，五臟六腑都悸動不得寧靜，弄得意亂情迷，精神沮喪，只得要求化外人送他回去。

化外人輕輕一推，穆王就好像墜入虛空之中一般，等醒過來的時候，已經回到人間，所坐的地方是以前的，左右侍奉的人也是舊時的。看看座位之前，酒還沒有喝完，菜還沒有吃光，穆王覺得非常驚異，就問左右的人說，他是從哪裡來到這裡。左右回答說：「大王只是靜坐在這裡而已啊！」

從此以後，穆王恍惚自失，三個月才恢復過來。便問化外人說怎麼這麼奇怪。化外人說：

「我和大王一起神遊，形體何必動呢？況且以前大王遊賞的地方和現在的又有什麼差別呢？以前所玩的地方和現在的園圃又有何差別？王習於常存的觀念，所以懷疑自己曾經暫時亡失，這完全是內心的迷惑所造成的啊！人世變化莫測，或快或慢，在乎自己，別人說也說不清。」

穆王聽了非常高興，於是再也不想國事，不寵臣妾，整天恣意遠遊，命人分兩車，駕著八匹駿馬㈠前面一輛的服馬右邊是驊騮，左邊是綠耳，驂馬在稍後，右邊是赤驥，左邊是白㵒（㵒音ㄒㄧ，同犧字），這輛車的主車是穆王，駕車的是造父，車右是卨ㄑㄚ㕡ㄏㄜ㈡。次車的服馬右邊是渠黃，左邊是踰輪，驂馬則右邊是山子，左邊是盜驪，這輛車子的主車是柏夭，駕車的是參百，車右是奔戎。馳驅千里左右，到達了巨蒐國。巨蒐氏奉上白鵠的血給王喝，準備了牛馬的乳給王洗脚，喝完了以後又繼續進發，當晚就住在崑崙山下，赤水之北。第二天，登上崑崙山，觀望黃帝的宮室，然後封它給後世，再往西王母那兒做客，在瑤池喝酒，西王母替穆王唱歌，穆王在旁相和，歌辭哀切感人。唱著，唱著，日已西沉，才猛然醒悟自己一天之內跑了一萬里路。於是穆王歎道：「唉！我不好好修德化民，却在這裡唱歌爲樂，後世人一定會追數我的過錯啊！」穆王並不是神人啊！却能享現時的快樂，這和百歲而死沒有不同，而世上的人還以爲穆王升天成仙了呢？

附註

㈠ 古時一乘四馬，前兩匹在中間的稱「服馬」，後兩匹在左右側的稱「驂馬」。這裡八駿是二乘共八匹馬，牠們分別是驊騮、綠耳、赤驥、白𣚵、渠黃、踰輪、山子、盜驪。

㈡ 陳景元劉子冲虛至德眞經釋文序云：「离畐乃泰丙兩字古文。」

2. 老成子學幻

老成子向尹文子學幻術，學了三年，尹文子並沒有告訴他，老成子只好請教過錯準備退學回家。尹文先生向他鞠了一個躬，請他到內室，屏退了左右的人，然後對老成子說：

「以前老子要西行時，曾告訴我說：『天地間的血氣生命，形體外貌，都是虛幻的。造化的開始，陰陽的變化，叫做生，或叫做死；窮數達變，因形轉移的，叫做化，叫做幻。』造物主的巧妙深奧，是難以追根究底的，如果靠著形體來表現取巧的，都是功夫淺薄，只能暫時生，隨時死，唯有能夠窮數達變，因形轉移的人可以生死如一，這種人才可以學幻術，而我和你都是虛幻之身，又何必學什麼幻術呢？」

老成子聽了這段話，就回家去想尹文先生的話，經過三個月的深思冥索，終於能夠存亡自在，翻倒四時，能夠使大地冬天打雷，夏天結冰，使地上走的天上飛，使天上飛的地上走，終其一身不顯露這個道術，所以後世沒有留傳。

列子說：「善於幻化的人，他的幻術潛藏不用，所以他的事功與常人差不多。就像五帝的德行，三王的功夫，不見得都是靠智勇力量去發揮，或許是靠幻術所造成的，我們又怎能知道呢？」

3. 列子說夢

一個人活在世界上，清醒的時候有八徵，睡夢的時候有六候，這八徵六候在一覺一夢之中構成整個人生。

八徵是哪些呢？第一是「故」，人情事故；第二是「爲」，日常做爲；第三是「得」，名位得失；第四是「喪」，送死之戚；第五是「哀」，情愁哀感；第六是「樂」，怡樂可喜；第七是「生」，初生之痛；第八是「死」，解脫而歸。這八種現象，是我們形體直接感受應驗的。

六候是哪些呢？第一是「正夢」，平居做夢；第二是「噩夢」，驚愕而夢；第三是「思夢」，思念而夢；第四是「寤夢」，悟道做夢；第五是「喜夢」，喜悅而夢；第六是「懼夢」，恐怖而夢。這六種反應，是我們精神感受而產生的徵候。

對一件事情，如果不明白事情的始末，當事情發生時就會迷惑慌亂，如果知道事情的始末，早有心裡準備，事到臨頭就不會害怕了，做夢也是這種樣子。

人的身體盈虛消長，都和天地相合，和萬物相應，所以陰氣盛的時候，就會夢見徒步過大水而心生恐懼。陽氣盛時，就會夢見徒步過大火而被燔燒。陰陽氣都很盛的時候，就會夢到生殺，肚子很飽就會夢到施捨給人家，肚子很餓就會夢到向人求取。因此虛火上浮的人生病做夢就夢見自己飛揚騰空，沉重濕氣之類的病，做夢時就夢到自己被水所溺。睡覺時纏著帶子就會夢到蛇，白天看到鳥兒銜髮就會夢到自己會飛。天快黑的時候做夢會夢見火光。有生病的徵候做夢時就夢見飲食，憂愁滿懷的人夢見喝酒，哭泣以後做夢就夢見歌舞。

子列子說：「精神有所感受就會做夢，形體有所作爲就有事功。所以白天所想的晚上就夢到，那是精神和形體互相感應的結果。因此精神專致沒有情念的人，晚上的想夢自然會消失，這些人非常清醒而不多說，做夢也無所感覺，可以把精神和形體合而爲一。古時候的真人，對他所做的事不放在心裡，晚上睡覺自然不會做夢，這應該不會是騙人的吧！」

西域的南部有一個國家，疆域廣大而沒有界分，名叫「古莽國」。因爲國遠地偏，天地陰陽之氣無法到達，所以寒暑四季沒有分別，日月的光芒都照不到，所以不分晝夜。這裡的百姓不食不衣只知睡覺，五十天才醒一次，醒來時以爲夢中的情景是真實的，而清醒所看到的是虛妄不真的。

又有一個「中央國」，位於四海中央，地跨黃河南北，橫越岱山東西，長有一萬多里，因位在中央所以陰陽合度，四季分明，一暗一明，界分清楚，一晝一夜，井然有度。這裡的百姓有的聰明，有的愚昧，而也有的才藝高超，懂得植長萬物，也懂得以禮法治國，君臣之間各有所司，通國之內的作爲繁多，不可計數。平日一醒一睡，認爲醒來時所做所爲是真的，夢中所看到的都是虛妄不真的。

在最東北角又有一個國家，叫做「阜落國」，這裡土地乾燥氣候燠熱，日月光照射之下，連禾苗都無法生長，所以這裡的人民只好吃草根和野菓，不懂得用火煮食，性情野蠻，常常強弱相攻伐，只求勝利而不顧大義，終日奔馳忙碌，很少休息，甚至常常醒著不用睡覺。

所以一夢一覺，哪一個真？哪一個假？不是我們可以瞭解的啊！

4. 苦樂的眞相

周的尹氏熱衷於治產賺錢，在他手下工作的僕役，從早忙到晚，都不得休息。有一個老僕，由於工作疲勞，已經筋力衰竭，無法生產了，但尹氏却更嚴厲的催促他賣力工作，弄得這個老僕，白天一面呻吟一面勞動，晚上一到，倒頭便呼呼大睡。

因爲太累了，身心渙散，所以精神恍恍惚惚，夢見自己成爲一個國君，位在萬民之上，總理全國事務，遊燕於宮殿樓觀，恣意所爲，快樂無比。但是醒來以後，又得開始勞苦，有人慰問他的勞苦，他却說：

「人生百年，晝夜各半，我白天爲僕役，雖然辛苦，但晚上是人君，快樂無比，我又有什麼可抱怨的呢？」

再說尹氏，因爲白天忙於俗事，操心家業，弄得心神疲憊，所以一到晚上便沉沉入睡。每天晚上都夢見自己成了他人的僕役，被人使喚，替人奔走，儘做些不願做的事，稍不如意，就挨打挨罵，苦不堪言，常常在夢中囈語呻吟，直到天亮才解脫。

尹氏非常痛苦，就去拜訪朋友想辦法解脫，他的朋友告訴他說：

「你地位尊榮，家財百萬，是別人所不能及，但是夜晚做夢却當人的僕役，這就是有苦有樂的人生，合於天然的運數，如果你想做夢和醒着都稱心如意，那是萬萬不可能的。」

尹氏聽了他朋友的話，想想這一夢一覺的道理，就把分配僕役的工作減輕了，自己也不再過份操心家業，沒有多久，尹氏和老僕役都減少了痛苦。

5. 眞耶？夢耶？

鄭國有一個人，到野外砍柴，半途看到一隻麋鹿，就把牠打死，又恐怕被人發現，就拖到廟裡藏起來，還小心翼翼的用芭蕉葉蓋好。心裡高興得很，竟然忘記他藏鹿的所在，後來又以爲他是在做夢，所以一路上自言自語的說著這個怪夢。

旁邊有人聽到他的話，就按照他的話去尋找，終於在廟裡找到了鹿，就把牠扛回家裡。告訴妻子說：

「剛剛有一個砍柴的夢見他打了一隻鹿，但忘記藏到那裡了，結果被我找到，他會真的做夢嗎？」他的妻子說：

「我想是你夢見砍柴的人打了一隻鹿，其實根本沒有什麼砍柴的人，而現在真的找到一隻鹿，是你的夢成爲真的而已。」這個丈夫說：

「既然我已得到這隻鹿，何必管是他做夢，還是我做夢？」

那個砍柴人回家後，對那隻鹿還是念念不忘，所以那個晚上真的做了一夢，夢見他藏鹿的地方，又夢見鹿被那個路人拿走了。第二天早晨，依據他夢中的情形去找拿了鹿的人，果然被找到了，就告到士師（掌五禁之法的人）那裡，士師說：

「你當初真的打到鹿，却說是做夢，後來真的做夢，却又說是事實不是夢。而他真的得到了鹿，和你爭奪，他的妻子却又認爲他是做夢得鹿，並沒有人先得過此鹿，現在只能把這隻鹿分成兩半，一人一分。」

這件事情被鄭君聽到了，鄭君說：

「不知道士師會不會又做夢替人分鹿？」

鄭君把這件事說給相國評斷，相國說：

「夢或不夢，不是臣所能分辨的，想要真的辨清是不是夢，只有請黃帝或孔丘，現在黃帝和孔丘早就死了，還有誰能分辨的呢？依我看就照士師的辦法好了。」

6. 華子健忘症

宋國陽里地方，有一個叫華子的人，中年時候得了健忘症，早上從別人那裡拿來的東西晚上就忘了，晚上給人東西，第二天早上又忘了。在路上時忘了走，在家中忘了坐下，現在記不起以前的事，以後又記不起現在的事。全家人都替他擔心，就請了一個占卜師替他占卜，結果一點都沒用，又請巫師來禱告，依然無效。最後請醫師來，還是治不好。

他自己却說要去給魯國的儒者治治看。華子的妻子願意把一半的財產送給儒者，只求把他治好。儒者說：

「這種病本來就不是占卜、祈禱、藥物所能治好的，我試試看用別的方法來改變他的思慮，或許有治好的希望也不一定。」

於是儒者要華子赤裸全身，華子就想穿衣服，讓他挨餓，他就想吃東西，把他關在暗室，他就想到亮的地方，儒者看到這種情形就高興的告訴華子的妻子說：

「這個病可以治好的，但我的方法是世代相傳，不能告訴外人，讓我和他單獨同住七天，一定可以完全治好。」

華子的妻子答應儒者的辦法，也不知道儒者搞了些什麼名堂，竟然把常年老病就這麼治好了。

華子的健忘症好了以後，却變得動不動就生氣，把妻子趕出門，對兒子任意打罵，最後又拿著戈要追殺儒生。宋國人把他抓住，問他原因，他說：

「以前我患健忘症時，坦坦蕩蕩，連天地有無都不用放在心上，現在突然恢復記憶，數十年來的生死得失，哀樂好惡都一起湧現，擾亂了我的心緒，將來連暫時遺忘的生活都不可復得了。」

子貢聽到這件事，疑惑不能解，去請教孔子。孔子說：「這不是你所能領會的啊！」

說著又回頭看看好學的顏回，叫他把這件事記下來。

7. 迷惘的是誰

秦國人逢氏有一個兒子，自幼聰慧，中年却得了一種「迷惘」的怪病。這種病使他聽到歌聲以爲是哭聲，看到白的以爲是黑的，聞到香的以爲是臭的，嘗到甜的以爲是苦的，做了壞事以爲是好事，凡是他意識到的，無論天地、四方、水火、寒暑，都完全相反。

有一個姓楊的告訴他的父親說：

「魯國的君子醫術很好，說不定可以治好他，何不往試試？」

逢氏就前往魯國，途經陳國，遇到老聃，就把真情告訴老聃，老聃說：

「你怎麼知道你的兒子迷惘呢？現在天下人都被是非迷惑了，被利害搞昏了，患這種病的人到處都有，本來就沒有一個人是淸醒的。況且一個人迷惑，不見得全家人會迷惑；全家人都迷惑了，不見得全鄉人都迷惑；全鄉人都迷惑了，也不會使全國人都迷惑；全國人都迷惑了，也不會全天下人都迷惑。假使天下人都迷惑了，還有誰來指正呢？如果天下人都像你兒子那樣，那迷惑的人反而是你了。到那時候哀樂、是非、聲色、香臭，還有誰來分辨呢？而我現在這麼說，也不見得不是迷惑。魯國的君子迷惑更深，那能治好別人的迷惑呢？你還是帶著糧食，快快回去，別白白浪費了。」

8. 情緒的悲哀

有一個燕國人，生在燕國，却長於楚國，到了老年想落葉歸根回到故鄉，走到晉國，同路的人騙他，指著前面的一個城鎭說：

「這就是燕國的城鎭。」

這個人聽了就面露悲戚，同路人又指著一座宗廟說：

「這是你鄉里的廟社。」

這個人聽了就深深的嘆了一口氣。同路的人又指著其中的一間房子說：

「這是你祖先的房子。」

這個人聽了就流下淚來。同路的人再指一座墳墓說：

「這是你祖先的墳墓。」

這個人忍不住放聲大哭，同路的人却啞ㄜ然大笑地說：

「我剛剛說的都是騙你的，這裡是晉國而已。」

這個人覺得很愧疚，不久到了燕國，真的看到燕國城的鎭和宗廟，看到真正的舊家和祖墳，心裡的悲哀情緒已經十分淡了。

悲哀只是一種情緒，全靠當事人的心境來處理，它與事情的悲哀與否沒有多大的關係。

第四卷　仲尼

第四卷　中元

仲尼是聖之時者，但在列子書中所寫的並不如此，譬如他提出「無樂無知才真知」、須懷有「兼才」才能真正爲師。而在論聖人時，更提出「不談治道，不多說話」的才是聖人。

這些「離形去知」的聖人，可以「以耳視，以目聽」，可以像南郭子一樣，外表看起來就像一個「木頭人」，甚而像那個有怪病的「龍叔」，把人看成一條豬，把住在家裏看成流浪在外一樣。還有那個大力士公儀伯，竟然只是一個只能折斷春螽大腿和秋蟬翅膀的人而已，諸如此類，都闡發了那種深藏不露，不與人知的潛沉內斂的修爲，這種人，在世俗的眼光中真是又怪又刁，但處於滔滔亂世，大溺稽天的時候，也唯有這種人才是最真誠的人了。下面就請大家閉起眼睛，「用心」來看這幾則怪喻！

1. 無樂無知才是眞樂眞知

孔子閒居在家，正好子貢去拜望他，發覺老師滿臉凝重，大爲詫異，但又不敢冒然問老師，只得默默退出。

出來後，急急忙忙跑去找顏回，告訴他老師滿面憂愁，不知發生了什麼事？顏回聽了，也不多說話，拿起弦琴，一面彈一面唱起歌來，流露出很快樂的樣子。

果然，顏回的激勵法生效了，這一唱把孔子唱得莫明其妙，只好叫人把顏回請去問話，顏回正暗自高興，所以放下琴很快就到了孔子前面。孔子問：

「回啊！你怎麼一個人那麼自得？」

顏回不正面回答，反問道：

「老師爲什麼一個人那麼憂鬱？」

孔子說：「先說說你的快樂吧！」顏回立刻說：

「從前，我聽老師說過，一個人應該『樂天知命故不憂』，弟子謹記在心，所以能保持快樂的心境。」

孔子有點難過的樣子，沉默了一會兒才說：

「我曾說過這樣的話嗎？你的想法和我所說的有出入，何況那句話是我以前在不同的情況下所說的，現在我再告訴你最直覺的意義。」

孔子繼續說下去：

「你只知道『樂天知命』可以無憂，但你不瞭解『樂天知命』也有它值得擔憂的地方，照你的想法，勤於修養自己，不爲貧窮富貴所苦，不爲生死往來躭憂，不因外在變化而憂傷，就是樂天知命，可以樂天無憂了。」

孔子先指出顏回的錯誤，然後說更爲深一層的道理。他說：「但是，我所說的樂天知命，並不只如此。回想我以前一心努力修習詩書，端正禮樂，爲的是有一天能把所學運用在治理國家上，希望留下好的治蹟給後世當個模範，這樣不但陶養了自己，而且可以給我的國家——魯國，貢獻所學，然而等我學有所成的時候，情形已經改變了，魯國已漸走下坡，朝庭君不君、臣不臣，社會不講仁義，風氣衰敗，人心不古，人與人的交情日漸澆薄。我當日的抱負沒有一項可以在國內施展，更談不上治理天下，嘉惠後世了。經過了這種打擊，我才深深體會出，詩書禮樂的道理對治亂理國並無幫助，而我依然想不出新的治術去改革它。所以今天我要說『樂天知命』往往會造成新的憂患，並不見得樂天知命一定可以無憂啊！」

孔子越說越激動，內心的感慨愈形深重，顏回不敢吭聲，只好靜靜地聽孔子說下去。孔子又說：

「雖然如此，但是經過一番思索，終於我想通了，今天要談『樂天知命』和古人的應該不同，今天談『樂天知命』必須有過一番歷煉，達到『無樂無知』的境界，才能真樂真知，能『無樂無知，真樂真知』才能無所不樂，無所不知，能『無所不樂，無所不知』才能無所不憂，無所不爲。那時候，詩書禮樂影響不了我，新的治術對改革也沒有什麼幫助了，當然，也不用去改革了。」

孔子一口氣說了一大堆自已的親身體驗，顏回聽了茅塞頓開，很恭敬的向他的老師拜謝說：

「謝謝老師教誨，弟子謹記在心。」

顏回從孔子家出來，把孔子那番話告訴了子貢，子貢聽了反而茫茫然，覺得自已所想和老師差得太遠。於是一句話也不說，就悶悶的走回家，飯也不吃，覺也不睡，靜靜地想了七天，弄得肢體消瘦，顏面憔悴。幸虧顏回很關心他，一再勸勉他，等到想通了以後，才和顏回一起回到孔子那裏，唱歌論書，一輩子都不敢怠惰。

這是孔子的切身體驗，光憑表面上的忍耐工夫，裝作無樂無知是沒有用的，必須深入生命的裏層才能真正體悟出不憂不樂，真樂真知的道理。

2. 以耳視、以目聽

陳大夫到魯國朝聘，私下裏去拜訪叔孫氏。剛見面，叔孫氏就告訴陳大夫說：

「我國有個聖人你知道嗎？」

陳大夫反問爲答的說：

「是不是孔丘？」

叔孫氏頗爲驚訝的回答說：「是啊！」

陳大夫不太服氣的問：「你怎麼知道他是聖人呢？」

叔孫氏很得意的說：「我常聽顏回說，孔丘能夠『廢心而用形』，所以是個聖人。」

陳大夫又不甘示弱的說：

「其實我們陳國也有聖人，你不知道嗎？」

叔孫氏不以爲然的問：「你說說看是誰？」

陳大夫說：「他是老聃的弟子亢倉子，旣聰明又用功，非但得了老聃的眞傳，甚且青出於藍呢！尤其他能『以耳視、以目聽』才最是了不得。」

這句話一說出來，叔孫氏幾乎呆住了。於是亢倉子的大名立刻傳了出去，魯侯聽到這消息更爲吃驚，立刻派人以上卿的厚禮把亢倉子羅致到魯國來。

不久，亢倉子就由陳應聘到魯。魯侯很謙卑的向亢倉子請教說：

「聽說先生能以耳視、以目聽，不知可是真的？」

亢倉子很從容的回答魯侯說：

「沒這回事，那是傳言的人信口雌黃，我只是能視聽不用耳目罷了。」

魯侯急切的想打破沙鍋問到底，所以又說：

「這更奇怪了，把我越搞越糊塗了，我倒希望聽聽你的道理。」

亢倉子說：

「這很簡單，我的形體和心智合一而不相違背，心智合於理氣，理氣合於神性，神性無所掛礙，所以只要有任何細小的東西，或微弱的聲音，我都可以看到、聽到。縱使遠在八荒之外或近在眉睫之內，稍有干擾我的耳目的，我都可以察覺得出。但這並不是靠我的四肢七竅去察覺，也不是靠六臟心腹去知覺，而是在一片渾然中自然有的感覺。」

魯侯聽了非常高興，過了一段時日，就把這件事告訴孔子，孔子聽了笑而不答。

亢倉子的心智合於神理，所以應對外物時可以渾然無所阻礙，目所見耳所聽，與心智合而爲一，所以能夠以耳視、以目聽。

3. 何謂聖人？

有一天商太宰來拜見孔子。商太宰向來慣於單刀直入，所以一坐定就問說：

「先生真是聖人嗎？」

孔子說：

「稱我聖人，我怎麼敢當，我只是博學多識的人而已。」

商太宰又問：

「那麼三王算得上聖人嗎？」

孔子不慌不忙的替他解說，他說：

「三王只是善於任用智勇的人而已，至於是不是聖人，我就不知道了。」

「那麼五帝該稱得上是聖人了吧？」

孔子說：「五帝只是善於任用仁義的人而已，至於是否聖人我也不知道。」

「那麼三皇該是聖人了嗎？」

孔子說：「三皇只是善於任賢，因時用民的人而已，是不是聖人我仍然不知道。」

商太宰非常驚駭，因爲孔子把世所謂的三王、五帝、三皇等聖賢都一一否決掉了，所以很急切的問：

「照你這麼說，誰才是聖人呢？」

由於商太宰表情激動，孔子也有點不高興，所以停了一會兒，等情緒平復了，才回答說：

「可能西方有個聖人吧！他不談治道，所以國家不亂，他不多說話，所以自然守信，他不勉強作爲，所以事事順遂，心胸舒坦，行爲寬蕩，百姓無法稱說他，我以爲他就是聖人了，但是也還不知道是不是真的聖人。」

商太宰被搞迷糊了，只好默然不語，却在心中想——孔丘這傢伙，一定在欺騙我。

其實，什麼是聖人，完全是別人所稱說出來的，在他自己而言只是很認眞、很實在的去爲他的國家、爲他的社會做真切的服務而已。

4. 師者有兼才

有一天，子夏和孔子閒聊，談到同學的特長時，子夏想聽聽老師對他們的看法，所以就問孔子說：

「老師！您認爲顏回的爲人怎麼樣呢？」

孔子說：「回的仁德修養比我還好。」

子夏說：「那麼，子貢爲人怎樣呢？」

「賜（子貢）的辯才比我還好。」

「那子路呢？」

「由（子路）的勇氣比我好。」

「子張呢？」

「師（子張）的莊矜比我穩重。」

聽到這裏，子夏忍不住站了起來，驚疑又鄭重的問孔子說：「既然他們四個人都比老師賢明，爲什麼還來向老師學習呢？」

孔子舉手示意，要子夏別太激動，然後解釋道：

「坐下來！我詳細告訴你，顏回雖然仁德高，但不懂得通權達變；子貢雖然有高度辯才，卻不知收斂鋒芒；子路雖然非常勇敢，卻不懂得謙退恕人；子張雖然穩重莊矜，卻不懂得溫和平易。以他們四個人的優點來和我交換，我也不會答應的啊！這就是他們所以必須向我學習的原因啊！」

人各有特長，雖聖人無法勝過凡夫，然聖人之所以爲聖，師者之所以爲師，以其博學多識，寬大能容，所以集各人之特長仍敵不過師者之通明也。

5. 木頭人？

列子拜壺丘子林爲老師，又結交伯昏瞀人爲至友，從此就住在南郭。住沒多久，到列子家串門子的人愈來愈多了，弄得列子常常因分身乏術而怠慢了他們，但是來人還是很多。

一段時日以後，列子所結交的人已經數不清的多，他也樂於天天和他們辯論，盡興而散。然而，他隔壁住了一個南郭子，連牆而居，過了二十年，都不曾來往。偶兒在路上遇到，也好像沒看見一般。左鄰右舍的門徒僕役都以爲列子和南郭子有什麼讎，才會如此老死不相往來。

有一次，一個從楚國來的人忍不住問列子：

「先生和南郭子有什麼過節呢？」

列子說：「南郭先生外貌充盈內心空虛，平日『耳無所聞』，所以不爲外界聲響所惑；『目無所息』，所以不爲外界色彩所誘；『口無所言』，所以不會和人爭辯；『心無所知』，所以事事不放在心上；『形無所惕』，所以遇到人等於遇到一道牆，毫無感覺。基於這些心理，所以他不會和人打交道，那我又怎麼可能和他來往呢？」

話雖如此說，列子還是決定和那個楚國人一起去看看南郭子這個怪人，在旁的四十個學生也浩浩蕩蕩的跟着前往。

進了門，果然一眼就看到南郭子像木頭人一樣，形若枯木，心如死灰，是不可能和他交接論說的。

正當四十多人驚訝而又好奇的看着那個木頭人的時候，南郭子突然回過頭來定定的看着列子，但那種神情給人的感覺一點都不真切，還是令人感到無法接近。

過了一會兒，南郭子伸手指列子弟子羣中最後一排的學生，對他們說：

「你們都衎ㄎㄢˋ然（和樂的樣子）好像是專直又好勝的人。」

因爲南郭子向來不說話，現在突然談起他們來了，所以都非常驚駭，不敢多說話。

回來後，每個人都心有「疑」悖的看着列子。列子只好告訴他們說：

「只要懂得眞意，就不必藉語言表達了。一個智慧高人一等的人不用言語就能判斷對方的意思，因此，縱然一語不發也可以表達意思，這叫做無言的語言。能用高人的智慧去推測事理，一定八九不離十，那時不知也是眞知。『無言』和『不言』，『無知』和『不知』歸納起來都是言、都是知，能有靈慧的心境，就可以無所不言，無所不知，也可以無所言，無所知，如此而已，那你們又何必驚駭於南郭子突然說起話來了。」

莊子說：「大辯不言」，一般人常說：「無聲勝有聲」，人與人之間的交往，重在心靈的契合，並不一定要言語來詮釋。多說了反而失去了那一份眞，失去了那份難以體會的性靈。

儘管人家說你木頭人，說你無情，最多只是南郭子的傳人，於你又有什麼傷害呢？

6. 是山不是山？

列子潛心向學，三年以後，已經達到心中不敢想對錯、口中不敢說利害的境界，但也只博得老商看他一眼而已。

五年以後，道行更高，又回復到心常念是非，口常言利害的境地了。老商這才面露喜色。

七年以後，已經可以順從內心的意念而無所謂是非，可以順從嘴巴所要說的而無所謂利害。老商才招呼他和老師並席而坐。

九年之後，任由心裏所想，任由口裏所言，都分不出他所說的是對是錯是好是壞，也不知道他人是對是錯是好是壞。於是，對錯好壞都不能影響他的思想言行了。更高妙的是眼睛像耳朵，耳朵像鼻子，鼻子像嘴巴沒有什麼分別。心靈凝聚形體消釋，骨肉融合爲一，感覺不出形體所倚靠的是什麼？感覺不出雙足所踏的是什麼？感覺不出心中所思念的是什麼？感覺不出言語裏所包含的是什麼？一切事理只如此而已，沒什麼可隱瞞的。

生命的歷程裏，眼看「山窮水盡」，但再堅持下去，再接受磨鍊以後，不覺又「柳暗花明」了。然而山水花柳之間有時不易分辨層次，因爲見柳暗時早已忘山窮，見花明時早已忘了水盡。

當然，對生命的觀賞，應該不動聲色，才能融合天機，達到渾然忘我的境界。

7. 用心去玩

早年，列子好遊山玩水，他的老師壺丘子就和他談遊玩的道理。壺丘子先問列子說：

「禦寇！你喜歡遊玩，不妨說說你的玩法。」

列子說：「其實我喜好玩樂和一般人沒有兩樣。一般人玩的時候，就其所見，盡情觀玩，而我出遊時却盡情的觀察自然界的變化，所以雖然說遊玩遊玩，大家都在遊玩，却沒有人知道其中還有這等差別。」

壺丘子說：

「你的遊玩，看起來和一般人一樣，但在同中有異，大凡我們眼裡所見的景象都是變化不一的，只因觀玩時沒有注意，所以不能瞭解。一般人只注意遊賞外在的景物，而不知從內心去體悟，自然世界的變化多端，正與我心相契合，所以重視外在景物遊賞的人，希望的是各種景物都齊備美妙，而重內在心靈契合的人，希望的是本身的體悟能夠得到滿足。內在心靈得到充實，才是遊玩的最高境界，相反地，只求外在景物的美妙遊玩，是永遠不能滿足的。」

聽了這番話以後，列子再也不出外遊玩了，因爲他認爲他的遊玩正如壺丘子所說膚淺的景物玩賞而已。

後來，壺丘子又再深入的替列子解說什麼叫做「遊玩」的最高境界。他說：

「一個懂得用心靈去遊玩的人，往往是忘了他所到達的場所，因爲無論在什麼地方，他都覺得很滿足。而善於用心靈去體悟的人，往往也不知道他所看到的是些什麼，因爲他時時關注的是心靈本身感受，所以看不到外物的美妙。如此一來，一草一木，都能使自己滿足，一山一水，都能有所感受，這就是遊玩的最高境界。」

遊玩，除了目見耳聞之外，最重要的是用整個心靈去體悟，才能達到真正的「

賞心悅目」。

8. 龍叔有怪病

龍叔和文摯兩人在一起閒聊，文摯老以心理醫生自居，誇言能治心靈的怪疾。

龍叔不服，就衝著文摯說：

「依我看，你只是隻大口蝦蟆，其實半點醫術都不懂。」

這一說又使文摯不服。龍叔便說：「那好，我現在正好有病，你若能替我治好，我就服你。」

文摯說：「悉聽尊便，那麼先說說你的病症。」

龍叔說：

「聽著！我的病很奇特，每當我在鄉里被人稱讚時，我一點光榮的感覺都沒有；而在國都被人毀謗的時候，我也不感到恥辱；得到好處不會高興，遭受損失也不憂患，把生看成和死一樣，把富有看成和貧困無別。更絕的是，我可以把人看成是一條豬，把自己當作別人。還有，住在家裡老覺得像流浪在外一般，住在國裡，老覺得身處戎蠻一樣……諸如此類的怪病形成後，我對世俗所追求的爵祿和名位一點也不動心了，對國家的刑罰和懲戒也沒有絲毫畏懼，人世間的盛衰利害改變不了我，哀傷歡樂打不動我的心。我已經變成一個無法輔助國君，無法結交親友，無法親近妻子，無法管制僕隸的『人』了。（人字可以換成豬）你說說看這是什麼病？什麼藥才可以治好？」

文摰聽了不慌不忙，煞有介事的命龍叔轉過身子，面朝裡，背朝外的站著。然後文摰就站在暗的地方，從裡向外用肉眼透視龍叔。

看了一會以後，文摰就說：

「啊！我看到你的心了，你的心空空洞洞的，接近聖人了。我聽說聖人的心有七竅，而且都是空洞明澈，如今你的心有六孔流通明澈，只有一孔尚未通達，這不通的一孔可能就是你病根的所在。如果說一個人的『聖智』是一種病的話，那麼你的病就是這麼產生的。這種病不是我粗淺的醫術能夠醫好的。」

能夠看開毀譽喜樂，不爲名位爵祿所惑完全是聖者的做法，如果把這些當作病的話，天下就沒有救治的希望了。

對生命的處理，必須順性自然，任遇忘懷，才算合乎道。當然合乎道的生命也有結束的時候，但這種結束只是外物所帶來的不幸，我們不要認爲這種不幸有失常理，而去爲它悲哀。

相反地，如果對生命抱持必死之理，也是與事實相符的，只要能夠認清死是不可抗拒的事實，所以活著的時候也可以看成死去一般，無所憂懼，因爲人都要死的，而他現在還活著，更會覺得幸運。

綜合上面的現象，我們可以知道，任性自然，不損不益叫做道，順道而死叫做常，聖人之心有七竅，就是順道而處的結果。

龍叔的病並沒有什麼不對，只是對事理能深入了解，不爲一般人的看法所惑而已，這正好是把生命看成必死之理，活著的人更應該珍惜。

9. 居中履和

季梁死了，楊朱去弔唁，走到死者門口，對門高歌，全無哀悽之情。

隨梧死了，楊朱去弔唁，却望著死者，撫屍痛哭。

楊朱用不同的方法來處理他的情緒，他認爲季梁的死是盡生順死之道故無所哀，而隨梧的死是生之不幸故可哀。

俗世凡人對生死的處理，都是生的時候高歌，死的時候低泣，哀樂失其中，這是最難醫治的病。一個眼睛快瞎的人爲了極盡其視，往往比別人先看淸細微的秋毫；耳朶快聾的人，爲了極盡其聽，往往先聽到蚊蚋飛動的聲音；味覺快壞的人，爲了極盡其味，往往比人先嚐出淄水和澠水的味道不同；鼻子快阻塞的人，往往比人先聞到燒焦腐朽的味道；身體快傾倒的人，爲了極盡其奔，往往比人先狂奔；心靈快要迷失的人，爲了極盡其不凡，往往比人先辨識是非之理。

這些都是失去「居中履和」的道理，而不按常道去順生適性，所以有害於生。耳目口鼻是身心的六竅，能視目所見，聽耳所聞，任體所能，順心所識，才算得「中和之道」，才能智周萬物，身與德具。

楊朱對季梁之死高歌，對隨梧之死痛哭，完全是順性的作爲，是居中履和的明證。

10. 養養之義

鄭國的圃澤，出了很多道德高的人，而東里出了很多才智高的人。圃澤的一個子弟叫伯豐子的，有一天路過東里，正好遇到唯恐天下不亂，操兩可之說的鄧析。鄧析看到伯豐子就不懷好意的笑著，回過頭去和他的學生說：「讓我來奚落這個人給你們看看。」

弟子們也唯恐天下不亂，都異口同聲的說：「極願看看老師的絕招。」

於是，鄧析問伯豐子說：

「你知道『養養』的道理嗎？一個人如果只知道受人供養而不能養自己，就和豬狗沒有分別！豢養萬物，然後萬物爲我所取用，這是人力的功勞，而使你吃飯穿暖就可以安逸過日子的，是執政的功勞。現在一家大大小小聚集在一起，厨房做出食物來供養你，你不能自養，那和豬狗等又有什麼分別呢？」

伯豐子不回答鄧析的譏謳。

在那僵持的氣氛中，伯豐子的隨從挺身而出，對著鄧析說：

「大夫！您沒有聽說齊魯多機巧的人嗎？有的善於治土木、有的善於治金革、有的善於聲樂、有的長於書術、有的擅長軍事、有的擅長宗廟之禮，真可以說羣才俱備，人才濟濟，但是却沒有一個擁有宰相位的，也沒有一個可以擔當大使重任的。僥倖居了官位的都是一些無知見的平庸的人，被派任的也都是一些無能力的人，所以有知見有能力的反被那些無能的人所用。而那些無能力的執政者都是被我們支配，你又有什麼值得驕傲的呢？」

鄧析聽了，無話可說，只得看看學生，默默的退下。

每個人有不同的能力，社會就在那種互相制衡，互相將養的情況下進步的，誰能輕視別人，以為自己才是最有貢獻的人呢？

11. 大力士公儀伯

公儀伯以力氣大名聞於諸侯，堂谿公把他舉薦給周宣王。周宣王準備了厚禮聘請公儀伯。

公儀伯來了以後，周宣王細細觀看他的外形，竟然是儒弱不堪，心裡十分疑惑，於是就問他說：

「你說說看，你的力氣多大？」

公儀伯說：「臣的力量能夠折斷春螽（螟蟲）的大腿，也能折斷秋蟬的翅膀。」

周宣王聽了又驚又氣，提高聲調說：

「我的力量能撕裂犀牛的韌皮，能同時拉動九條牛的尾巴，却還覺得太羸ㄌㄟ弱，常常引以爲憾，而你只能折斷春螽的大腿及秋蟬的翅膀而已，却以力氣大聞名於世，這是什麼緣故呢？」

公儀伯長長的嘆了一口氣，然後一面退席一面說：

「大王問得很好！那我就照實回答吧！我的老師商丘子力氣之大是天下無敵的，可是親戚朋友却沒有一個人知道，那是因爲他不曾表現出來的原故。我看定了這點，所以發誓一輩子向他學習，他才告訴我說：『一般人都是想看他所不曾看到的，或不能看到的，做人所做不到的，才算難能可貴。所以學看的人，應先學看車子木柴等大東西，學聽的人，應先聽撞鐘的聲音，如此一來，內在的工夫到了家，外在的變化就微不足道了。既然外在變化微不足道，那麼名聲也不一定要顯現出來。』現在我名聞諸侯是違背我老師的敎誨了啊！然而我的成名，並不是力求表現我的力大而得，而是我善於運用所謂力氣罷了，這不是遠高過那些只知表現大力氣的人了嗎？」

有真功夫的人都深藏不露，高不可測，如果只從外表去看，只是一個凡人罷了，必須在非常的狀況才能顯現出他的功夫。

12. 言過其實

中山公子牟，是魏國的賢公子，平日與賢人遊處，不理國事，尤其喜歡和趙國人公孫龍子在一起談天論理。

魏國的樂正子輿的徒弟因此譏笑公子牟。公子牟不服氣，就問說：

「你們笑我喜歡和公孫龍在一起是什麼意思？」

子輿說：「公孫龍的爲人大家都耳熟能詳的，平日言行目無尊長，對朋友也妄自尊大，不知自律，雖有辯才却偏激無理，而且立論雜亂毫無根據，也不知是出自那一個門派，且好發誇誕奇怪的言論，來搖惑人心，弄得人人口服心不服，他還自以爲得意，和韓檀等人終日放肆狂言。」

公子牟聽了，臉色都變了，急忙說：

「爲什麼你會把公孫龍子說成那個樣子呢？你能不能舉出實例。」

子輿說：「好的！譬如公孫龍騙孔穿（孔子孫）這件事來說吧！公孫龍說：『有一個善射的人，能夠一連發好幾箭，每一箭都是後箭的箭頭接著前箭的箭尾，如此箭箭連發，最前面的一支箭向著目標前進不會掉下來，而最後面的一支却箭尾還在弦上，看起來就像一支很長的箭一樣。』孔穿聽了驚訝得張著嘴巴，公孫龍又再度吹牛說：『這還沒什麼了不起呢！以前神射手逢蒙的弟子鴻超更了不得。有一天，因爲不滿他的妻子，想嚇嚇她。於是拿起最名貴的烏號弓，搭上最好的綦衞箭，準備射她的眼睛，說也奇怪，箭尖雖然對準了瞳孔，而且眼睛眨也不眨一下就射了過去，就在快射到的時候箭就掉到地上，連塵土都沒有揚起。』像這些荒謬的話，難道是一個智者所該說的話嗎？」

公子牟說：

「智者所說的話，本來就不是愚者所能瞭解的，後箭頭射中前箭尾，是因爲後發的箭與前箭完全一樣，所以可以連成一線，而用箭瞄準瞳孔，眼皮都不眨一下，那是懂得順著箭的射勢，所以能夠巧妙的控制著箭，在快射到的時候掉下來，這是很合理的事，你有什麼可懷疑的呢？」

子輿說：

「你是公孫龍的徒弟，當然替他掩飾缺點，我再舉一個更過分的事。有一次公孫龍騙魏王說：『有心人就是沒心人，有所指正就有所偏差，一個物體拿來剖分是永遠分不完的。』他又說，影子是不會移動的，一根頭髮可以吊千斤重的東西，小牛不曾有母親……等等，不倫不類的謬論，真是多得說不完。」

公子牟說：

「你聽不懂高妙的言論却以爲是謬論，其實錯的全在你自己。現在我把公孫龍所說的道理解說給你聽。首先是『有意不心』，主要是說一個人心無所思則萬理皆同，因此有心人就是無心人；其次『有指不正』，是說無所指正則萬物皆正，所以隨便指正反易造成偏差；如果存心分物，強行剖半，分了又分，永無分完的時候，所以說是『有物不盡』；而一根頭髮用來吊引千斤重物，只要用力平均就不會斷絕，因此他說『髮引千鈞』；『白馬』的『馬』是指牠的形，『白』是稱牠的色，形和色相離了，所以他說『白馬非馬』」。

子輿有點不愉快，只好說：

「你老以爲公孫龍的話都有道理，我如果再把其他荒謬的事例說出來，你也會替他辯解，那我還能說什麼？」

公子牟楞了一楞，默默地想了很久，然後說：「等以後有機會再向你請教好了。」

兩人就此不歡而散。

對一件事情的評判，往往因立場不同，而得的結果也不同，公孫龍的言論可以說是曲高和寡，所以爲人非議，而公子牟則是一個難得的知音。

13. 禪讓之外

堯治理天下五十年，自己也搞不淸是否天下已經平治？更不知道百姓是否擁戴自己？

問朝廷左右的人，大家也說不知道。

於是問在外朝辦事的人，他們也說不知道。

再問鄉野賢士，他們依然不知道。

沒辦法之下，只好換上平民的衣服，偷偷出遊，到了康衢鎭，就聽到孩子們在唱歌謠：

「有飯吃飯，有衣穿衣；

無我無你，亦不我欺；

順帝之則，不識不知。㊀」

堯聽了很高興，就問小孩說：「這些歌是誰教你的？」

孩子們說：「我從大夫那邊聽來的。」

於是去問大夫，大夫說這是古詩。

於是堯回到宮廷，立刻召舜入宮，把天下讓給舜，而舜也沒有推辭就接受了。

關尹聽到這個消息很高興的說：

「一個人如果能功成身退，不執守己有，就是通達事理，與世無爭的智者，這種人的行爲像水一樣的流順自然，心境像鏡子明澈可鑑，胸懷像回音一樣的磊落不欺，所以他所表現出來的道和一般事理完全吻合。人世間的事理常違背自然之道，但自然之道決不會違背事理，一個善於運『道』的人，不用耳聽，不用目視，也不用力行，不用心思，只要順著自然就可以了。因此，如果爲了得『道』而拼命去目視、耳聽、體行、心思的人是永遠無法得『道』的。因爲『道』是很奇怪的東西，眼看著就在眼前，忽然又跑到後面去了。用心去求他，自然佈滿天地，不用心去求他，就不知道它在那裡。當然，這個道也不是有心求它的人可以抓得到的，也不是無心求它的人可以親近的，只有在自然無爲狀況下才可能偶然得到它，得到以後，必須自然無害才能保有它。知道事物真理而能忘掉真理，能夠做到的事情而不去刻意完成，這種人才是『真知真能』的人啊！若果刻意的去裝作無知的樣子，哪能得到事理的真情？刻意的裝作無能的樣子，又怎能有做爲呢？那只像聚塊積塵一樣，看起來是無爲，其實是不真誠的。」

禪讓的事，必須合乎人心，順應時勢，才能順理成章，否則勉強禪讓，總有沽取清譽的嫌疑。接受禪讓，也應該順天應人，不將不迎，才是一個真知真能者的作爲，堯和舜可謂得此中三昧，才能做得這樣完滿。

附註

㈠ 原歌謠是「立我蒸民，莫匪爾極，不識不知，順帝之則。」

第五卷　湯問

第十六冊

「少所見多所怪，見橐駝言馬腫背」，這是東漢牟融所引的古諺。的確，這個奇異的世界，多少新鮮事，不是我們可以想像得到的，就像溟海的大鯤和大鵬，身長數千尺，翅膀如蓋天雲，又像江浦的焦螟，細若游絲不可目辨，而「終北之國」更是人間仙境，應有盡有，「躰沐國」是人間地獄，竦人聽聞。能看開這些怪物怪事，對自己的生命才能透悟，因爲我們的樣子在別的動物看來也是怪物啊！那我又何必自以爲高人一等，自以爲超俗不凡呢？

而人之至愚至性如「愚公」「夸父」，小孩之自聰自知如「日近日遠」，都是個人的偏見和好惡所造成的。如果老要強人所好，結果弄得自取其辱，何苦來哉！然而，個人的固執終不如擁有超人專技之徒，如「詹何釣魚」、「扁鵲換心」、「師文學琴」、「韓娥善歌」、「伯牙鼓琴」、「偃師造人」那麼超凡，那麼神巧，令人讚歎。

另外「韓飛」的箭法青出於藍，「紀昌」私心害之；「造父」誠心學駕，「泰豆」教以心法；「來丹」立志報仇，「孔周」遂其心願。

從奇聞異事，到奇技異術，所記都是人世所無或所罕見的事件，但細思其理，卻都是人心與自然相通的至理。自然如此，人亦如此，昭昭之事，玄想無益，唯其本心，出乎至誠，且且爲之，總有超凡之時。

1. 奇異世界

殷湯問夏革說：「渾沌一片的太古時代有生物存在嗎？」

夏革說：「如果太古時空無一物，那現在怎麼有生物呢？這正如後世人猜測我們這個時代沒有生物一樣不合道理。」

殷湯說：「這樣說起來，物的生成是沒有先後之分了？」

夏革說：「生物何時開始，何時終了，實在很難肯定。萬物開始的時候，也可能是終止的時候，從古到今循環不已，我們根本無法知道它的分際，所以生物生成之前，或事情發生之前，都不是我們所能知道的。」

殷湯又問：「那麼上下八方有邊際嗎？」

夏革說：「不知道。」

殷湯又再追問，夏革只好說：

「無就是無極，有就是有盡，又無極又有盡，我怎麼知道邊際在哪裡？當然啦！無極之外又有無極，無盡之中又有無盡，無極再無極，無盡再無盡，這樣循環不已，所以我敢肯定的告訴你，上下八方是無極無盡，當然就不曉得邊際在哪裡了。」

殷湯又問：「四海之外有些什麼特殊的事物呢？」

夏革說：「沒有什麼特殊的，和我們所住的中州一樣。」

殷湯說：「你怎麼證明和中州一樣？」

夏革只好繼續說明，他說：

「如果我們從這裡往東走，可以到『營』的地方，當地的人民和中州完全一樣，如果你再問他們，從營再往東走情況怎樣？他們說也和營一樣。然後，我們如往西走，可以到達『豳』的地方，那裡的人民和我們中州也一樣，再問他們豳以西的情形，他們也說和豳一樣。因此我敢說四海八荒之內並沒什麼不同，只是地域或大或小，互相包含，無窮無盡而已。天地廣大可以包含萬物所以是無窮盡的，而太虛又可以包含天地，所以是無極無盡的，但是我怎麼知道天地之外是否有比天地還大的呢？這些都不是我所能知道的啊！」

夏革頓了一頓，又說：

「然而天地也只是宇宙的一部份而已，既是部份，總有它缺失的地方。據說天神女媧曾煉五色石來補天的缺口，又砍斷大龜的腿來撐住天地，免得塌下來，於是天地有了四個柱子。後來共工氏和顓頊爲爭奪帝位，用頭把西北的柱子——不周山給撞倒了，因此天柱斷了一根，而繫住天蓋的四根大繩也斷了一根，結果天蓋就向西北傾斜，天蓋上的日月星辰都因此滑向西北，使東南方變得空虛，所以百川之水都流向東南了。」

殷湯越聽越有趣，於是又問說：

「那麼物有大小、長短、同異的分別嗎？」

夏革越說越起勁，於是又滔滔不絕的說了一大篇道理，證明物的大小、長短、同異是沒辦法知道的。

在渤海國的東方不知幾億萬里的地方，有個無底的大坑谷，因爲坑谷下沒有底，所以稱爲「歸墟」，天地八荒的水流都流注到這裡，而「歸墟」水量卻不曾增加也不曾減少。

在這個歸墟裡有五座山峯：第一座叫岱輿，第二座叫員嶠，第三座叫方壺，第四座叫瀛洲，第五座叫蓬萊。這些山的高度和廣度都在三萬里左右，山和山之間的距離約七萬里，而山頂的平臺也有九千里寬。平臺上築有觀臺，都是金玉堆砌而成的，觀臺上有許多禽獸，都穿著純絲製成的衣服，觀臺長滿了玉樹，玉樹所結的果實都是美味可口，吃了可以長生不老。

住在那裡的人，不是仙人就是聖人，他們交情很好，天天都是你來我往無數次。因每兩座山距離都七萬里，所以第一座和第五座的距離就遠達二十八萬里，因此他們往來只好用飛的，悠哉悠哉，好不快活。

遺憾的是這五座山的根柱沒有連好，所以常常隨著「歸墟」裡的潮水上下波動，沒法靜止下來，仙聖們常引以爲苦，於是向天帝報告，天帝也擔心這五座山被流沖到西極之地，使仙聖們沒有住的地方，就命看管巨龜的神叫做愚彊的，派十五隻巨龜用頭頂住這五座大山，十五隻龜分成五組，每組三隻負責一座山，輪番工作，六萬年換一次班，這五座山才算穩住不再漂動。

事有湊巧，龍伯國有個巨人，到外地釣魚，走不到數千步就到了「歸墟」這個大坑谷。於是拿起釣竿，一次就釣走六隻大龜，往背上一拎，快步回到龍伯國，吃龜肉，鑽龜殼，大快朵頤一番。

因爲被釣走了六隻大龜，所以岱輿、員嶠二座山失去負載，就被漂流到北極，然後沈到大海裡，弄得衆仙聖流離失所，一億多人播遷他方。

天帝大爲震怒，削減了龍伯國的土地，使他們生活困厄，縮小龍伯國人民的身體，免得再作怪。不過，龍伯國人民雖然縮小了，傳到伏羲神農時代的人，還有數十丈高呢！

相反的，從中州向東四十萬里的地方，有一個僬僥國，那裡的人民高只有一尺五寸。東北極地也有一種叫諍人的，他們的身高只有九寸，你說奇不奇？又聽說在荆楚之南有一種龜叫冥靈的，在他的生命裡，一個春天就有五百年，一個秋天也有五百年，又聽說上古有一種樹叫大椿，過了八百年才算過一個春天，八千年才算一個秋天。相反的，在腐木糞壤上有一種菌類，它們早上生晚上就死了，而春夏之間也有一種蟲叫蠓蚋的，牠們靠下雨而出生，見了陽光就死了。

在地球最北方，有個大海叫做溟海，也叫天池，池裡有一種魚叫鯤，身寬數千里，身長也有數千里。另外又有一種鳥叫做鵬，牠的翅膀像蓋天的雲那麼大，身體也是碩大無朋，世上的人都不敢相信會有這等怪物呢！所以大禹去見伯益時知道了這個怪物才替他命名，夷堅知道這個怪物也立刻把牠記下來。

江浦之間有一種細蟲，名叫焦螟，成羣結隊的聚集在蚊子的身上，住了一個晚上然後離去，輕巧得連蚊子都沒有發覺。甚至連那個能百步望秋毫之末的離朱子羽，在大白天聚精會神的睜眼細看都看不到焦螟的形體，耳朵最靈的師曠也曾在寂靜的夜晚，低頭貼耳細聽，也聽不到焦螟的聲音。只有黃帝和容成子住在枯桐上一起齋戒了三個月，弄得心如死灰、形若枯木了，才在恍恍惚惚中，看到焦螟，原來是個龐然大物，高大如嵩山。在氣若游絲時再凝氣諦聽，發現焦螟的聲音聽起來像雷霆一般，轟隆不止。

吳楚的地方，有很高大的樹木，名叫櫾ㄒㄧㄡ，樹葉碧綠色，冬天成長，果實紅色，味道酸酸的，吃了它的皮和汁，可以治療昏厥的疾病，中州人非常珍愛它，可是被人移到淮水之北以後，竟變成了一無用處的枳。

鸜ㄑㄩ鵒ㄩ平日生活不敢超出濟水的範圍，貉如果游過汶水就會死掉，這是因爲地氣的適應有差異的緣故。雖然形勢和地氣不同，但也都須依其本性生存，不必改變自己去與別人相同，既已生成什麼樣子，就應自足。那又怎麼知道他們之間的大小，怎麼知道他們之間的長短，怎能知道他們之間的異同呢？

這個世界眞是無奇不有。從形體的大小看來，有的大如蓋天之雲，有的小得連百步可以見秋毫之末的離朱子羽在大白天睜大眼睛都看不到；從生命的長短看來，有的八百年才過一個春天，八千年才過一個秋天，有的却朝生暮死；從生存的異同看來，同樣一種東西，在一個環境裡是可以治病的珍果，換另個環境就變成一無用處的東西了。在這種難以理解的世界裡，就應自足自愛，把握目前所持有的形體，目前所處的環境好好活下去。

2. 愚公移山

太形王屋兩座山，方七百里，高一萬仞（一仞八尺），本來座落在冀州南方，河陽的北方。

在北山上有一個愚公，年近九十歲，就住在山的對面，苦於出路被山擋住，進出都要繞道而行，於是聚集了家裡的人商量。愚公說：

「我和你們各盡全力來把這座山鏟平，開出一條通道，以便直接往豫州的南進及漢水的北方，你們認爲行不行得通？」

大家都異口同聲表示贊同。只有他的妻子搖搖頭說：

「以你這把老骨頭，連魁父這樣的小山你都奈何不了它，何況像太形王屋這種大山，你又能拿它如何？，而且挖下來的泥土石頭要放到哪裡去呢？」

大家都說：「可以把這些土石填入渤海的尾端、隱土的北面。」

於是愚公率領兒子和孫子三個人，挑著畚箕，開始敲石子挖泥土，然後運到渤海的尾端填放。愚公的鄰居京城氏的寡婦，有一個兒子才七八歲換牙的年齡，也蹦蹦跳跳的前往幫助，忙忙碌碌，筋疲力竭的搞了一年，才往返渤海一次。

這件事被河曲的智叟聽到了，就用嘲笑的口氣，勸止他們做這種傻事。智叟說：

「你這糟老頭，實在笨得發酸，老實說，以你這種風燭殘年，拼著老命也損毀不了山上的一草一木，何況那些無可計量的土石呢？除非你能把它一口吞下去，否則你只有對它哭的份。」

北山愚公，滿臉憨愚的嘆了口氣說：

「你那顆固執的心，像廁所的石頭又臭又硬，我不敢奢望你明白我的想法，但是我得告訴你，你的數學太差，連那個寡婦的小兒子都比不上呢？你想想看，縱然我這把老骨頭遲早會沒用，但是我死了以後，還有我的兒子繼續挖啊！我兒子死了又有孫子，孫子也有他的兒子，這樣子子孫孫的挖下去，而山並不會增加，怎麼會挖不平呢？」

河曲智叟雖然不太服氣，但想到愚公的精神可佩，只得默默的走了。

後來，管理太形王屋二山的神聽到這件事，大爲驚駭，心想如果愚公繼續挖下去，把我的地盤都挖光了，那還得了，於是火速的向天帝報告。

天帝聽了，覺得很新奇，也被愚公的意志所感動，立刻派大力士夸娥氏的兩個兒子去幫忙，半夜裡偷偷的把兩座山背走，一座放在朔東，一座放在雍南。從此以後，冀州以南通漢水以南的地方再也沒有阻礙了。

3. 夸父逐日

夸父不自量力，想和太陽競賽，看誰跑得快？於是追著太陽的影子，往前趕去。追到隅谷的時候，口渴難忍，想要喝水，四處找水源，好不容易找到了，就一口氣把黃河和渭水喝光了。還嫌不夠，想到北海的大澤可以繼續喝。於是往北趕去，沒想到，只走到一半就支持不住了，把手杖一丟就昏死過去。

經過很長一段時間，他身上的脂肪和腐爛的肌肉，浸漬著手杖，然竟長成一片大樹林叫鄧林，鄧林面積有數千里那麼寬廣。

大凡一件事，應量力而爲，不可恃材傲物，好勝鬪強，結果犧牲了自己也無補於別人，何不依順自然，各行其是，各得其所。

4. 終北之國

大禹說：「六合之間，四海之內，日月所照，星辰所過，四時所記，太歲所臨，神靈所生的一切生物都不相同，有的長壽，有的夭亡，唯有聖人能順天地之道，依萬物之性，使羣物各得其所，生死各依其份。」

夏革說：

「然而有的東西也不必神靈而能生，不必陰陽所成而能成，不必日月所照而自明，不用殺戮就會自己死亡，不用蓄養它會自己長壽，不須五穀也能維持生命，不必絲綢自能保暖，不用舟車也能行走，這是很自然的生命之理，並非聖人所能想通的。」

後來大禹就發現許多奇奇怪怪的事物。

有一次，禹治水時迷了路，糊裡糊塗，走到一個國家，問當地居民才知道是在北海的地方，離中州已有好幾萬里遠的地方。

這個國家叫終北國，國裡的人都不知道他的國家疆界是從那裡到那裡，他們只知道生活在那裡沒有風霜雨露，沒有鳥獸蟲魚草木，四面都是一望無際的平原。平原中間有一座山，名叫壺甑甀（音領，形狀很像ㄉㄢㄓㄧㄣ，瓶子的一種），頂端有口，形狀像圓環，名叫滋穴，瓶口源源不斷的湧出一股泉水名叫神瀵，散溢出來的香味比蘭椒還要香，嚐起來味道比醪醴還醇，泉水流出後分成四道水流，流到山下。

這些水流，流遍終北國，使全國土氣祥和，沒有瘴癘等毒氣，人性溫婉而不爭奪，心地柔善，骨質嬌弱，大家和睦相處，不驕傲，不猜忌，年長年幼的都住在一起，沒有君臣之分，男女雜處游嬉而無所別，不說媒，不嫁聘。近水而住，不耕種不稼穡；土氣溫暖合度，不織布，不穿衣；百歲以後自然死亡，不夭亡，不生病。人民愈來愈多，生活在喜樂之中，對死亡、衰老、哀苦都能看開。

當地習俗好音樂，常常相攜而唱樂，從早到晚樂之不疲，餓了倦了就喝神瀵泉，可以使體力心志平和，如果喝得過量就會醉倒，要經十天才能醒過來。如果用神瀵泉洗身，可以使皮膚光潔，色澤明亮，而且香氣十天之內不會消散。

周穆王北遊時，曾經過終北國，流連了三年，不想回去，後來勉強回去了，還是念慕不已，整天恍恍惚惚，像失了神志一樣，連酒肉也不想吃，後宮的嬪妃御妻也提不起興趣，經過好幾個月才恢復正常。

管仲曾慫恿齊桓公也去游玩一番，於是兩人準備一起到終北國的遼口去遊歷。準備就緒以後，大夫隰明卻向桓公勸諫說：

「大王何不放眼看看齊國，土地那麼廣大，百姓那麼衆多，山川那麼美好，作物那麼豐富，禮義那麼昌盛，服飾那麼美好，後宮佳麗那麼美艷，朝廷文武那麼忠良，只要大王發號施令，百萬士卒就聽命如儀，諸侯俯首聽命，可以指揮若定，又何必羡慕那遙遠的終北國，而拋棄齊國的社稷，到戎狄蠻邦呢？管仲已經老耄昏瞶，不明事理，何必聽他的話呢？」

桓公聽了這番勸諫，只好作罷，然後把隰明的話告訴管仲。管仲說：

「這不是隰明所能想像得到的，我就心的是終北國找不到呢？至於齊國的富有，又有什麼值得留戀，隰明的話也沒有什麼好考慮的。」

終北國的境界，正是道家的「理想國」，在那裡可以不爭奪，不猜忌，無長幼尊卑，無耕織稼穡，不生病不夭亡，和睦以生，自然以死，雖富厚如齊亦不能與之相比，無怪乎管仲欲往遊以了此生。

5. 異國奇俗

南國的人們都披頭散髮，全身赤裸。而北國的人只圍鞨巾穿皮衣而已，唯有中國人戴高帽子，穿華麗衣裳，充分利用土地，有的務農，有的從商，有的打獵，有的捕魚，食用充足，所以冬天可以穿暖和的皮裘，夏天穿輕便涼爽的葛布衣，經水路有船隻，走陸路有車馬，一切不用刻意求取就能得到，順性所需，達成目的。

越國的東方，有個輒沐國，他們的習俗很殘忍，每一家都要把第一個出生的長子剖分給大家吃，這個習俗叫「冥弟」。而且在這裡，父親死了，就要把母親背著，拋棄在荒郊野外，因爲那是「鬼妻」，不可和她住一起。

楚國的南方有炎人國，他們的親人死了以後，就聚積柴木放火燒屍，使煙火上升不止，叫做「登遐」，這樣才能被稱爲一個孝子。

以上都是在上位的規定如此做，在下位的百姓就遵照著做成了習俗，也沒有什麼可驚異的。

6. 日近日遠

孔子出外遊覽，看到兩個小孩在口角，於是走前去問他們原因。

其中一個說：「我認爲太陽初昇的時候距離我們較近，中午的時候距離較遠。」

另外一個說：「我認爲太陽初昇時離我們較遠，中午的時候離我們較近。」

先前那個小孩又說：

「太陽初出時大如車蓋，到中午時就只像盤碗大小，這不是遠的小，近的大的道理嗎？」

另外一個又說：

「太陽初出是滄滄涼涼，到中午時熱如探湯，這不是近的熱，遠的涼的道理嗎？」

孔子聽了，也搞糊塗了，沒法替他們做個判決。

兩個小孩就反過來笑孔子說：

「大家都說您很聰明，竟連這種小事都解答不出來，哈哈！」

7. 詹何釣魚

天下事理，一個「均」字最重要，一般器物也是如此，譬如一根頭髮雖然很細，但只要均勻，那麼用來懸吊任何或輕或重的東西都不會斷，如果不幸斷了的話，那是因爲髮不均勻的緣故。

一般人都不見得通達事理，但也有通達的人，下面就是一個事例。

楚國有一個人叫詹何，平日喜歡釣魚。他釣魚時，用單一的繭絲爲釣線，用麥芒當魚鈎，用荊條當釣竿，然後把一粒米剖爲兩半，當做魚餌。

準備妥當後，就把像車輪般的大魚趕到百丈深淵裡，他才開始釣魚。結果，釣到了大魚而他的蠶絲做的釣線却不曾斷過，麥芒做的釣鈎也不會被拉直，荊條做的釣竿也不會彎曲。

楚王聽了很好奇，就派人請他來，問他是什麼原因。

詹何說：

「我曾聽以前的大夫說，神射手蒲且子在射箭時，都是用很軟弱的弓，用很細的繳（ㄓㄨㄛ，繫箭的繩）來繫箭，射出去以後，箭能夠隨風飛振，在高空中射穿兩隻鶬鳥，這都是他用心專一，用力平均的原故。我非常欽慕他這一點，所以放下其他工作專心學釣魚。花了五年時間，才算完全體會出他的道理，釣起魚來可以得心應手。每當我到達河邊以後，就拿起釣竿，心無雜念，一心只想著魚，所以投釣線，沈釣鈎，純熟入理，感覺不出輕重，所以入水以後不會造成任何騷動。魚兒們看到我的鈎餌，都以爲是沈埃，所以都很自在的吐一吐唾沫，張嘴就呑釣餌，一點都不考慮，這就是我「以弱制彊」「以輕致重」的道理。大王治國如果也能用這種方法，那麼天下可運於掌上，那還有什麼做不好的事呢？」

楚王聽了說：「很好！」

詹何釣魚的秘訣，主要在平均、在柔弱，能均就可以承受重物，能弱就可以制強，所謂：「滴水可以穿石」就是以弱制強的結果。

8. 扁鵲換心

魯公扈和趙齊嬰兩人有病，同時請扁鵲來醫治，扁鵲把兩個人都醫好了，然後告訴他們說：

「你們這次的病，都是由體外傳染的病菌，干擾了腑臟所致，是極普通的病，用一般藥石就可以治好。不過我又發現你們有另外一種全身的病，讓我一併替你們治好。」魯公扈和趙齊嬰說：

「我們先聽聽你的治法。」扁鵲告訴公扈說：「你的心志強而質性弱，雖然足智多謀却缺少決斷力。齊嬰與你相反，他心志弱而質性強，所以能當機立斷却太過於剛愎自用，如果能把你們兩人的心交換一下，那就兩全其美了。」

於是扁鵲就拿毒酒給兩人喝，喝下去以後就昏死三天。扁鵲就動手剖開胸腔取出心臟，換好後再縫合，敷上神靈般的特效藥，等他們醒過來時，已經完好如初了。

兩人辭別出來，各自回家，奇怪的事就發生了。公扈走到齊嬰的家，見了妻子，妻子完全不認識他，而齊嬰回到公扈家，見了妻子，妻子也不認識他。

事情就這樣弄僵了，二人都提出訴訟，希望扁鵲做個公道，扁鵲當然知道訴訟的原因，向他們解釋以後，事情才算了結。

世稱扁鵲爲神醫，於此換心看來，真個神乎其技，然世無全能全情之人，天生何等樣人就以之爲貴，大可不必換心而徒增紛擾。

9. 師文學琴

古時瓠巴善於彈琴，每當他彈琴時，空中的飛鳥聽到了都跳起舞來，水中游魚聽了也都跳躍不止。

鄭國有一個樂師叫師文，得知這個奇技，就決心學好這種專技。於是離家到當時有名的琴師師襄那裏學琴，結果笨手笨指，調弦按指無法靈巧運用，學了三年，彈不成一首調。

師襄說：「你可以回去了。」

師文只得放下琴，長嘆一口氣說：

「我並不是不會調琴按指，也不是樂章配不成曲，而是因爲我所想的不在弦，我要彈的不是聲音，如果我內心不能有所得，就不能彈出我所要彈的，所以我一直不敢動手撥弦，希望稍停一段時間，看看情形再說。」

師文回去了一段日子，又再來拜師襄繼續學琴。

師襄說：「你近來有什麼心得？」

師文說：「我已經領會出來了，讓我彈給你聽聽。」

於是正值春天的時候，他彈商弦的南宮調（商爲金音，屬秋；南宮爲八月律，秋聲），似乎天氣漸漸轉爲秋天，涼風颯颯吹來，草木也都結果成熟了。

到了秋天時，他又彈角弦的夾鐘調（角爲木音，屬春；夾鐘爲二月律，春聲），立刻天氣就變成春天一般，和風徐徐，草木都欣欣向榮起來。

正當夏天的時候，他又彈羽弦的黃鐘調（羽爲水音，屬冬；黃鐘爲十一月律，冬聲），霎時間，就好像冬天一般，霜雪繽紛，河川凍結。

等到冬天時，他又彈徵ㄓ弦的蕤賓調（蕤，音ㄖㄨㄟ，徵爲火音，屬夏；蕤賓爲五月律，夏聲），立刻天氣好轉，陽光熾熱，厚厚的冰立刻解凍了。

最後他彈命宮調，四弦同時撥弄，但見和風送爽，慶雲飄浮，甘露普降，澧泉湧湧。師襄才興奮得捫著心高跳起來說：

「你所彈的樂曲已經沒話可說了，縱然師曠所彈的清角曲，鄒衍所吹的律曲，也不會比你的好，他們應該夾著琴樂拿著管樂跟在你的後面了。」

好的音樂可以使風雲變色，可以使游魚出聽，而師文學琴所揭露的信息，使我們知道高人一等的技藝不是光憑外在的技術就能夠表現出來，而是要真正的心領神會，凝聚專精才能脫俗遠揚，不羣於世。

前人說：「形而上者謂之道，形而下者謂之器。」百工技藝，世俗樂工，只是器而已，是形而下的，人人可以達到的，唯形而上的道，不是非常之人無法體味出這個非常之道。

10. 韓娥善歌

薛譚向秦青學唱歌，還沒學完秦青的技巧，就自以爲學成了，於是辭請回家。秦青也不阻止他，就在郊外路口設宴替他送行。秦青爲他舉酒珍重，一面打著節拍唱著悲歌，歌聲振動林木，響徹雲霄，連天上行雲都停止了飄浮。

薛譚聽了心有所悟，立刻向秦青請罪，要求回去繼續練歌，終身不敢辭請回家。

秦青看了一看，說：

「從前韓國有一個擅長歌唱的人叫做韓娥，有一次到東方的齊國，因爲缺少吃的，所以經過齊的雍門時，就地賣唱來換取食物，然後離去。未料，她走了以後，歌聲仍然繞著樑欐三天都不曾消逝，雍門的人以爲韓娥並沒有離開。後來，韓娥住在旅店裏，旅店的人欺侮她是外地人，百般刁難她，使韓娥感極而悲泣，泣而歌，於是用幽長哀聲哭唱，結果全里的老老少少聽了都悲傷流淚，三天吃不下東西，於是叫人把韓娥追回來。韓娥回來後，又再爲他們唱，這次她拉長的聲音，唱清暢愉悅的曲調，所以全里老少聽了都跟著喜悅跳躍，又拍又跳好像著了魔一般無法自制，完全忘記了先前的悲哀。後來，韓娥離開時，他們就送很厚重的禮物給她，因此雍門的人，到現在都擅長唱哀歌，那是當年學韓娥的餘音的結果。

11. 伯牙鼓琴

伯牙擅長鼓琴，鍾子期對琴音的體會更細緻深刻。每當伯牙彈琴，想著登高山的壯麗時，鍾子期就說：

「好美哦！巍巍然，像泰山一樣高壯。」

而伯牙想著流水悠悠時，鍾子期就說：

「好美哦！蕩蕩然，像長江黃河一樣悠長。」

舉凡伯牙所想，在琴音上表露了出來，鍾子期一定能體會出來。

後來，伯牙在泰山的北方遊覽，突然遇到下大雨，只好在山巖下避雨，心情有點悲涼，就拿起琴來彈，最初是天降甘霖的調子，接著是崩山一樣壯濶的聲音，每奏一個曲調，鍾子期幾乎都可以抓住他的心志。

伯牙放下琴嘆息道：

「真難得啊！你對琴音體會那麼真切，你的想像幾乎就是我心裏的想像，我還有什麼隱瞞得了的呢？」

世謂「知音人」，當推伯牙子期爲最切當，心有所感，表現在曲調，再由曲調扣入另一個心弦，這種心弦，若非雙方都有異常的性靈是不可能如此深切瞭解的，今知音難覓，又有何可嘆？

12. 偃師造人

周穆王到西方巡視打獵，越過崑崙，還沒到弇山就折返，在快回到中國的路上，左右獻上一位有巧奪天工技能的偃師。

周穆王叫他進去，問他說：

「你有什麼專技？」

偃師說：

「不論建造什麼都可以，但聽吩咐，不過臣已造好了一個成品，請大王參觀參觀。」

穆王說：「好！下次把它帶來，讓大家瞧瞧！」

隔了兩天，偃師又來拜見穆王。

穆王請他進來，看到他旁邊另一個陌生人，就問他說：「和你一起來的人是誰？」

偃師回答說：

「是我所造的，它能說、能唱、能舞。」

穆王非常吃驚，睜大了眼睛，仔細的觀察，但見那個人舉止動作和真人完全一樣。偃師碰一碰它的臉，就能唱出合於韻律的歌，握一握手，就會跳起舞來，而且跳得韻律節拍毫不差錯，各式各樣的動作千變萬化，完全可以自由控制。

穆王總以爲那是真的人，就和他最寵愛的美人盛姬一起在內庭觀看表演。

正當表演快結束的時候，偃師所造的人竟然使眼色，挑戲穆王左右的寵妾。穆王大怒，立刻下令要把偃師殺掉，以警戒他膽敢用真人欺騙君王，又調戲君王的寵妾。

偃師大爲驚恐，立刻把所造的人剖開，一一加以拆散給穆王看，原來都是些皮革、木條、橡膠、油漆以及白色、黑色、紅色等顏料所湊合塗畫而成的。

穆王仔仔細細的點算，身體裏面的肝、膽、肺、脾、腎、腸、胃一應俱全。體外的筋骨、四肢、關節、皮膚、毛髮、牙齒也都一項不缺，但都是假造的。

看完了，又命偃師再度湊合起來，結果又和真人一般栩栩如生。穆王好奇心更強，試著把他的心拿掉，結果就不會說話，把肝拿掉，眼睛就不會看，把腎拿掉，腳就不會走路。

穆王到這個時候，才深深的歎服說：

「人的技藝，竟然精巧得能與造化萬物的天地相比，真是不可思議。」

於是下令叫了兩部車，把偃師和人造人載同去。

從前大家都稱贊公輸班做的雲梯精巧奪天工，說墨翟造的飛鳶可以飛翔三天而不墜落，可說是極盡精巧了。但自從偃師能造人的消息傳出以後，公輸班和墨翟的弟子禽滑釐就把這個消息告訴他的兩位師父，二人聽了，終其一生都不敢再談技藝的事。

巧奪天工所造的人終不是人，而天地所生的人，把他看開些，又和偃師所造的人有什麼兩樣，大限到時化成枯骨一把，和被拆散的皮革、木條、橡膠一樣都不值得了。

13. 青出於藍

甘蠅是古代的一位神射手，他只要把弓拉滿，鳥就從天上掉下來，百獸都伏在地上不敢動。

他的學生飛衞，向甘蠅學射，技術超過了他的老師。

於是有一個叫紀昌的就拜飛衞爲師，立誓要超過他的老師。

首先，飛衞告訴他：

「學射箭第一步是先學使眼睛任何情況下都可以眨動，而毫不害怕。」

紀昌謹記在心，回家後就苦練這個動作，自己躺在他太太的織布機下，眼睜睜的看著牽引機一上一下的向自己雙目刺來而不眨眼。

三年後，縱然拿錐子尖端刺眼眶他都能夠不眨眼。

於是，很興奮的去告訴師父，想開始學射箭。

飛衛說：

「還早呢！以前是練習不眨眼，其次要練習怎麼樣凝視才可以，凝視時至少要能夠把小的東西看成龐然大物，把細微不清的東西看得清清楚楚才行，你回去勤加練習，練習好了才來找我。」

紀昌回去後，就拿氂毛繫住一隻虱子，然後把它吊在南面的窗子上，天天面對它凝望。十天以後，虱子越看越大。三年後，竟然看起來像車輪那麼大。這時再看看其他的東西，簡直就像山丘那麼大。

於是，拿起燕國獸的角所造的良弓，朔方的蓬草所製的勁箭，瞄準後射將過去，一箭就直接貫穿了虱子的心臟，而氂毛都不曾被衝斷。

於是，紀昌又很興奮的去告訴飛衛。

飛衛聽了，也高興得跳起來，拍著胸膛說：

「你已經完全體會出來了，可以開始學射了。」

沒多久，就把飛衞的所有技巧都學會了。

紀昌心裏估計，現在天下可以和自己相比的，只有師父一個人而已。如果能設計把師父殺掉，就可以是天下無敵了。

一天，紀昌在路上遇到飛衞，於是計上心來，突然舉箭拉弓想出其不意把飛衞解決掉。說時遲，那時快，飛衞立刻取弓反射，兩隻箭在空中交會，箭頭相碰，雙雙落地，連灰塵都沒有激起。

紀昌一不做二不休，連發數箭。結果都被飛衞一一射落地上。

最後，飛衞的箭已經用完了，而紀昌還有一支，機會不可失，仍狠狠的射過去。飛衞不慌不忙，拿起一根荆棘把箭撥開，沒有絲毫差錯。

於是兩人都激動得落下眼淚，丟下弓，相互作揖爲禮，就在路上拜爲父子，並在手臂上刻痕發誓，今生今世不把秘術告訴別人。

紀昌居心叵測，不可謂不令人心寒，然其練箭之苦功，連飛衞都爲之感奮，可以想見當他們兩人相揖爲父子時的惺惺相惜之情。

14. 泰豆心法

造父的師父叫泰豆氏。

最初，造父向師父學習駕車，侍奉師父都謙恭有禮，小心翼翼。可是經過了三年，泰豆並沒有教他任何訣竅，但造父仍不氣餒，反而更爲有禮，更爲謹慎。

終於，他的謙卑取得了泰豆的信任，於是告訴他說：

「古詩上說：『一個會打造好弓箭的人，一定先學習做好畚箕；一個擅長冶鍊之術的人，一定先學會怎樣做裘。』你先在我這兒觀看我這行業的種種，等瞭解得和我一樣了，然後就能抓穩六根繮繩，才能夠控制住六匹馬。」

造父說：

「但聽師父指示。」

於是泰豆就在路上安裝一個個的木樁，大小僅僅可以站腳，然後按照步伐的長度釘下去，練習快速的從上面走過，不可跌倒。造父來來往往苦練了三天，就已純熟不跌倒了。

泰豆嘆息說：

「你真夠聰捷啊！這麼快就學會了。凡學駕車的人，都是如此起步的。以前你走木樁時，雖然走的是脚，其實用的是心，如此推廣到駕車正好相吻合。當你收放馬勒口和繮繩的時候，正好和你嘴唇肌肉收縮及胸臆緊張與否相合。雙手的掌握是否有節度，用不用力，都能內合於心意，外合於馬志，一進一退，繮繩一鬆一緊合作無間，廻旋屈身，中規中矩，一動一靜，合乎常理，才能夠走得很遠也不疲累，這才是會駕馬的人。」

泰豆停了一會兒，又繼續說：

「這些道理，說穿了也很簡單，我們不妨從馬勒口開始說起。從馬勒口傳來的拉力加在馬轡上以後，馬轡自然也有了拉力，而馬轡上的拉力立刻反應到手上，手上自然也有了拉力，手上的拉力再傳到心上，所以用『心』就可以指揮全身動作。那時，可以不用眼睛看，不用鞭子趕打，心中閒適，身體輕鬆，馬車也輕快奔跑如飛。六根繮繩就好像長在自己手上運用自如，而二十四個馬蹄跨躍起來也輕快自然，廻旋進退無不中節，於是車輪也照著我們的感覺亦步亦趨，無論經過高險山谷或低下平原，都一樣平穩。我的技術就只有這些而已，你自己好好體會吧！」

所有技藝到最高境界都是與心相合，所謂「得心應手」就是駕馬的最純熟境界。

15. 來丹報仇

魏國的黑卵，因私人仇恨，一怒之下把丘邴章殺了。丘邴章的兒子來丹，深感於「父仇不共戴天」，所以到處找人謀劃，要替他的父親報仇。

遺憾的是，來丹空有報仇的志氣和膽勢，而身體却非常羸弱，食糧小得幾粒米都數得出來，因此稍大的風吹過來，就好像會被吹毀的樣子。雖然仇怒滿懷，也無法拿起兵器去替父報仇。

作怪的是他那不自量力的脾氣，自己沒有力量却以假手他人替父報仇爲恥，常常發誓，要親手殺死黑卵，否則死不瞑目。

偏偏，那個仇人黑卵是個兇悍又有蠻力的人，百來個人也不是他的對手，加上他的筋骨皮肉異於常人，譬如他曾經在毫不抵抗的情況下伸長脖子被人砍，也砍不動分毫，也曾裸露胸膛給人用箭射，用力捅，仍然完好無痕。

黑卵自恃他體膚堅韌，力大無敵，所以把來丹看成是一隻無助的小鳥一樣。
來丹正在愁恨交加的時候，他的朋友由他來看他，替他出了點子。由他問來丹說：
「雖然你對黑卵恨之入骨，但黑卵根本不把你放在眼內，你準備怎麼辦呢？」
來丹一聽到這話，正如揭了他未痊癒的瘡疤一樣，眼淚不禁潄潄而下，很難過的說：
「還希望你能幫我忙。」
由他說：
「以前我在衞國時，曾聽孔周提過，他的祖先曾經從殷帝那兒得到一把寶劍，這把寶劍佩在小孩身上就足以使三軍退怯，你何不請他幫幫忙呢？」
於是來丹就專程到衞國，拜見孔周，請求當他的僕人，並替他駕車，又把妻子押在那兒當人質，然後說出要借劍報仇的願望。
孔周知道了他的苦心孤詣，就告訴來丹說：
「我這兒有三把劍，任你選擇，但這三把劍都無法殺人，讓我先說說它們的特性。第一把是含光劍，這把劍的特性是看不到它的形體，運作起來也感覺不出它的存在，當它與外物接觸時，渾渾然無邊無際，所以劍鋒劃入人體，也沒有感覺；第二把是承影劍，這把劍在天快亮的時候或近黃昏的時候，拿它朝北仔細瞧瞧，勉強可以看到淡淡的形象，好像有什麼東西在那兒，但又看不清它的形狀，當它與外物接觸時，似乎有種不太真切的聲音，而劍鋒切入人體也不感覺疼痛。第三把是宵練劍，這把劍白天時只看得見影子而看不見光，晚上只看得到光，而看不出形狀，當它與外物接觸時，刷一聲切過去，隨時切開隨時復合，只覺得有點疼痛，但不流血。這三把劍已經保存了十三代，都沒有用過，一直都封在匣子裏，不曾開啓過。」

來丹說：

「雖然如此，我敢請借用第三把宵練劍報父仇。」

孔周看他誠懇，就放了他的妻子，然後齋戒七天，功德完滿後，才趁著晚上把劍拿出來，跪捧著劍，很愼重的交給來丹。

來丹也懷著感激而又恭敬的心情，一再拜謝，然後接過寶劍回去報仇。

來丹提著劍，跟踪黑卵，好伺機報仇。

事有湊巧，給他抓住了一個機會，趁著黑卵喝醉了酒躺在窗戶旁的時候，出其不意的舉劍從黑卵的脖到腰間連砍三劍，而黑卵沒有感覺，來丹以為黑卵被他殺死，所以很快的提劍退出去，準備離開。正好又碰到黑卵的兒子站在門口，來丹又舉劍連砍三下，都好像砍空氣一樣，毫無著力的感覺。

黑卵的兒子笑他說：

「你幹嗎斜裏向我虛幌三劍？」

來丹知道他的劍不能殺人，只得嘆口氣就回去了。

黑卵酒醒以後，就罵他的妻子沒有好好服侍他，讓他睡在窗下，著了涼，以致於腰部有點不舒服。他的兒子告訴他說：

「剛剛來丹在門口碰到我，手裏拿著劍向我幌了三招，也使我覺得身體不舒服，四肢有點酸痲，是不是他也怨恨我呢？」

來丹雖然沒有真正殺死黑卵，但他至少已經完成親手殺黑卵替父報仇的心願，至於死不死，那是另回事。而那把宵練劍可真好用，不但殺人不見血，而且殺人不會痛，甚至對方被殺了也還不知道，世上若有此劍倒可以替人洩憤而不露痕跡，不受刑罰。

又傳說周穆王征伐西戎時，西戎獻上錕鋙劍及火浣布。那把錕鋙劍只有手掌那麼長，却是純鋼製成的，顏色火紅，用它來切堅硬的玉石就好像切泥土那麼快利。

而火浣布更奇特，平常用髒了，只要放在火裏燒一燒，布被火一燒就變成火紅色，而布上的髒東西仍然是布色，燒了一段時間拿出來抖一抖，把垢物振落以後，火浣布就乾淨潔白像雪一般。

魏文帝㊀認爲世上沒有這種東西，傳說那是虛妄的。而蕭叔說：

「太子雖很有自信，但也不能枉屈事實啊！」

附註

㊀ 抱朴子論仙云：「魏文帝謂天下無切玉之刀，火浣之布，及著典論，嘗據言此事，其閒未期二物畢，帝乃嘆息，遽毀斯論。」故此太子應指魏文帝。

第六卷　力命

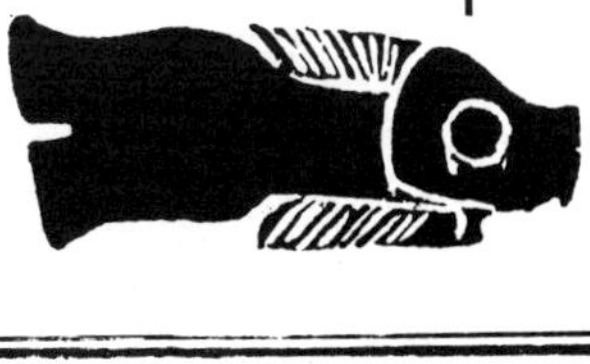

「農赴時、商趨利、工追術、仕逐勢、勢使然也。然農有水旱、商有得失、工有成敗、仕有遇否、命使然也。」這是本卷最末一段，也是全篇的要旨。人生事業成敗，除了能力以外時機更不可失。一個傑出的人才，如果生不逢時，有能力亦無所用，那就和常人無異了。相反的，一個平庸的人，如果得天獨厚，或得先人庇蔭，或遇機緣巧合，一朝飛黃騰達，那就非比尋常了。像北宮子的牢騷，東郭的論評，管鮑的交情，鄧析的被殺、季梁的求醫，楊朱的說命，以及貪生怕死的景公，每一則故事都說明了人生百態，都是無奈，何不洒脫些，學學力所說的：「自壽自夭，自窮自達，自貴自賤，自富自貧。」

1. 力與命爭功

有一天，力告訴命說：「你的功勞根本比不上我。」命很不服氣，立刻反駁說：「你對天地萬物有什麼功勞？竟想和我比高下。」力回答說：「譬如一個人壽命的長短，命運的窮困通達，生活的貴賤貧富，都由我左右。」

命說：「彭祖的聰明比不上堯舜，卻壽長八百，真正的老不死，而顏淵天縱英才，卻十八歲就夭折而死；仲尼的才德天下諸侯都欽服不已，卻在周遊列國時被困在陳蔡，差點沒餓死，而商紂的行爲多爲人所詬病，尤其和微子，箕子，比干三個仁德的人相比更令人搖頭三嘆，但商紂高居萬人之上，得到應有盡有的享受；季札仁德又知禮，爲了推讓吳國的君位給他哥哥而流落在外受苦，而田恒野心勃勃卻篡奪了齊國；伯夷叔齊因不食周粟而活活被餓死在首陽山；而季氏貪汚，刮民膏脂，卻比大富翁展禽還有錢。像這些你都可以全權左右的，爲什麼弄得該長壽的卻夭折，該夭折的卻長壽，甚至弄得聖人窮困潦倒，逆豎小人一帆風順，賢達的人身處卑賤，愚昧的人養尊處優，善良的人貧苦，邪惡的人富有呢？」

力說：「照你這樣說，我是根本沒有功勞了，但你想想看，之所以弄得這樣顚顚倒倒，完全是你這個司命的在旁邊作怪的啊！」

命說：「既然是命運，又有誰能左右他們，我一向秉公處理，正直的就推舉出來，阿曲的也任用它，一切都是自壽、自夭，自窮、自達，自貴、自賤，自富、自貧，我怎能了解他們呢？我怎麼知道他們是怎樣搞的啊！」

2. 東郭論德命

有一天，北宮子向西門子發牢騷說：「我和你生長在同一時代，你事事通達而我却半生潦倒；和你是同一族的人，你受人尊敬而我却不能得到族人的諒解；和你一樣，兩隻眼睛兩隻耳朵一個鼻子一張嘴巴，你受大家愛戴而我却引不起別人的注意；有時和你說同樣的話，大家都採納你所說的而不相信我的；有時和你一起走，別人認爲你看起來很忠誠可靠，却把我當成輕浮淺薄的人；和你一起做官，你老是顯得比我高貴；和你一起務農，老是你的收穫比我多；和你一起經商，老是你賺錢我虧本。天啊！這實在太不公平了。如今我穿的是又短又破的褐布粗服，吃的是和猪吃的米糠粗食差不多，住的也是蓬草所架的破寮子，外出時都是徒步。相反的，你穿的是繡有文彩的綢緞，吃的是好米好肉，住的是畫棟雕樑，外出又有馬車代步。在家時，總是不耐煩的樣子，大有想拋棄我的心意，在朝廷，總有自得的神色，大有看不起我的表情，請客或拜會時，不曾想到邀我參加，出外遨遊也不願邀我同行。老實說，這種氣我已經憋好幾年了，今天我已無法忍受，非提出來說說不可。我問你，你是否以爲你的才德超過我？」

西門子聽完他連珠炮似的牢騷後，不太高興的說：「我也不知道是不是因爲我才德比你高，我只知道你做事老吃鼈，而我都很順利。不過，我想這可能就是你我才德厚薄的證驗吧！而你却認爲你的才德和我一樣，你是真正的厚臉皮啊！」

北宮子被他搶白一頓，又難過又氣憤，覺得很沒面子，便捧著一張很難過的臉默默的回去了。

半路上，遇到東郭先生。

東郭先生問說：「你從哪裏回來？怎麼走路沒精打釆，表情也那麼難看？」

北宮子就把剛剛發了一陣牢騷，反被奚落一頓的情形告訴東郭先生。

東郭先生說：「別難過，我陪你再到西門子那邊討回面子。」

於是東郭先生就和北宮子一起去找西門子理論。

見了面，東郭先生劈頭就說：「你爲什麼這麼過份，這樣侮辱北宮子，你給我解釋解釋，否則跟你沒完。」

西門子說：「北宮子說他的世族、年齡、面貌、言行都和我相等，而卑賤尊貴、貧窮富有却和我逈異，我就告訴他，我不知道真正的情況，但是他做事不順，我凡事順利，這可能是才德厚薄的證明，而他卻說什麼都與我等列，所以我說他厚臉皮。」

東郭先生說：「你所說的厚薄不過是指才德的差別，而我認爲的厚薄卻和這個不一樣。照我看來，北宮子是厚於德而薄於命，而你是厚於命而薄於德，所以你的順利通達是命好並不是才德高。北宮子的窮困卑賤不是才德低而是命運不好。這些現象都是自然而然的事，並不是人事巧拙所造成的。而現在你竟以命好自以爲了不得，北宮子以德厚而自慚形穢，兩人都是沒有認清自然界的道理啊！」

西門子聽到這裏，立刻打斷話題說：「你別再說了，我以後不再這樣就是了。」

北宮子回去以後，穿起粗布衣服，覺得和穿狐裘皮衣一樣溫暖，吃大豆也覺得和吃好米粱一樣有味道，住蓬室也感覺和高屋廣厦一樣自得，乘坐破柴車也和坐漂亮的彩車一樣舒適，終身怡然自得，不知道榮辱之別，是我好呢？還是別人好？

東郭先生知道這個情況，很感嘆的說：「北宮子實在被世俗蒙蔽太久了，由於我一句話就使他醒悟，可算是很開通的人啊！」

3. 管鮑之交

管夷吾和鮑叔牙兩人感情非常好，兩人都是齊國人，一起在齊國做事。管夷吾輔佐公子糾，鮑叔輔佐公子小白。

齊國因爲僖公寵愛的妃子很多，所以太子和世子嫡庶之間地位相等，爭執時時發生。國人都擔心會發生變亂，因此，管仲和召忽協助公子糾出奔魯，自畫勢力，鮑叔協助公子小白出奔到莒城另立門戶。

不久，公孫無知叛亂，殺死襄公自立爲齊君，後又被人所殺，齊國沒有君主。公子糾和小白爭相奪取回去當齊君的機會。

於是，管夷吾帶兵和公子小白，在莒城交鋒。在路上，管夷吾一箭射中小白的帶鈎。

小白入齊爲桓公，派人攻魯，殺了公子糾，召忽爲公子糾殉命，管夷吾請降被囚。

鮑叔牙向桓公進言說：「管夷吾是很賢能的人，可以借重他來治理國家。」

桓公說：「他是我仇人，我想把他殺掉算了。」

鮑叔牙說：「我聽說賢明的君主沒有私人的恩怨，而且一個人如果能爲他的主人盡力，也一定能爲別的君主貢獻。如果大王真想稱霸天下，沒有管夷吾是不行的，難道皇上一定要把他除掉嗎？」

桓公終於接納了鮑叔牙的建議，召見管仲，從魯歸順到齊，鮑叔牙在郊外親迎，爲他除去身上的刑具，帶他去見桓公，桓公對他非常禮遇，封給他宰相的職位（比高國公還要高的職位）而鮑叔牙却當了他的屬下。

後來，桓公把總攬全國政務的大權都交給他，稱爲仲父，管仲也不負所託，終於使齊國稱霸天下。

但管仲仍常常懷想鮑叔牙的情義，曾經嘆息著說：「我年紀小的時候，家裏窮困，所以分東西的時候，我都拿比較多，鮑叔却不認爲我貪心，因爲他知道我家裏貧窮。我曾經幫助鮑叔謀劃事情，結果搞得一塌糊塗，鮑叔不認爲我愚笨，因爲他知道時機有順利也有不順的時候。我曾經三次出來做官，結果，三次都被人辭退了，鮑叔不認爲我不賢能，因爲他知道我是不逢時。我曾經三次帶兵作戰，三次都打敗仗逃了回來，鮑叔不認爲我膽怯怕死，因爲他知道我有老母親。公子糾戰敗，召忽爲他自殺，而我投降忍受被囚禁的恥辱，鮑叔不認爲我無恥，因爲他知道我是不計小節而以不能揚名天下爲恥辱的人。所以，我可以很感慨的說，生我的是父母，但真正瞭解我的却是鮑叔啊！」

以上就是世俗認爲「管鮑善交」「小白善用能者」的事跡。

不過，話說回來，人情事理是很自然平常的，並無所謂誰才是善於交友，誰才能舉用真才。當然，我提出管鮑之交不是所謂的「善交」，小白之用管仲不是所謂的「能用」，並不是說世上還有人能比他們更「善交」，更「能用」。而是在我的看法裏頭，召忽並不是真能爲其主殉命，而是在那種情況下他不得不死。鮑叔也不是真能舉用賢人，而是不得不舉用管仲。小白也不是真能以德報怨，舉用自己的仇人，而是有他不得不用的苦衷。

後來，管仲生病很重，小白問他：「你的病已很沉重，我也不忌諱的向你請教，那就是我最躭心的事—假如有一天你一病不起，要找誰來接替你的位置呢？」

夷吾說：「大王的意思是付託給誰？」

小白說：「鮑叔牙可以吧？」

夷吾說：「不可以，因爲鮑叔是個廉潔清高的人，看到一個比不上他的人就羞與爲伍，聽到人家有過錯就記在心裏，一輩子都不會忘記。用他來治理國事，容易變得太狷刻，在朝的人不願聽命令，而做出來的事也不能滿足民心，如此一來，會有很多事得罪大王，弄得上下不和。而且，這種現象會很快形成，還請三思。」

小白說：「那要誰才可以託此重任呢？」

夷吾說：「如果非要我說不可，那麼隰朋應當不成問題，隰朋爲人謙沖，能夠居高位而忘記自己的身份，容易取得下位人的好感。平日常以比不上黃帝等聖人爲慚愧，而且哀憫那些不如自己的人。一般說來，能以德分人的就是聖人，能以才分人的就是賢人。如果用自以爲是賢人的態度來對待別人，是得不到別人愛戴的，唯有能夠以賢人的地位而謙沖自牧，才能得人欽服。這種人對國家的事常常是不很細心去過問，對家裏的事有時也眼不見爲淨，只要把持住大原則自能治理好這個國這個家，這也就是前人所說：『不瞽不聾不可爲公』的道理。而隰朋已差不多達到這個標準了。」

然而，這也不表示管夷吾對鮑叔太刻薄，而是不得不如此，更不是管夷吾對隰朋特別恩厚，同樣是不得已的事。一件事情，往往由於對它特別恩厚而變成刻薄，也往往因特別刻薄而變成恩厚，這些變化都是不可抗拒的，不是我們的力量可以挽回的……

鄭國的鄧析，喜歡說模稜兩可的話，搞永遠無法休止的紛爭。當子產執政的時候，設「竹刑」來推行國內，這個方法推行天下，得到大家的贊同，唯獨鄧析故意責難攻擊，弄得子產非常生氣。於是把鄧析抓來殺了，以絕後患。

然而，這並不表示子產的「竹刑」實行得很好，而是不得不用。鄧析也不見能使子產屈服，而是不得已的事，子產也不見得殺對了鄧析，而是不得不殺。

自然界的生死是不可抗拒的，可以生而生是天所賜的福份，可以死而死也是天賜的福份。如果本來可以生卻夭折而死，那就是天的懲罰，而應該死的沒有死，也是上天的懲罰。

這樣說來，有些情況是生死都無所謂，有些情況或生或死都各得其所。另外也有不可以生的却生了，不可以死的却死了。然而，生生死死之間，說不上應該怎樣，反正一切都是命啊！命不是人的智力所能左右的。

所以說，幽遠無邊際的人事變化，合乎天數，變化無窮，廣漠無涯的風雲際會，合乎自然運行不止。天地雖大却不可冒犯這個法則，聖人雖聰明也不能干涉這個自然定律，鬼魅多變也不能違背這個原則，一切順其自然，無爲自成，平平安安，生死與我何干。

4. 衆醫、良醫、神醫

楊朱的朋友季梁得了病，十天以後，病情更加沉重，他的兒子到處請醫生也沒有起色，只好守在床邊著急。楊朱去探望他，周圍的兒子都哭了起來。

季梁聽到兒子們的哭聲，就對楊朱說：

「哎！我的兒子竟然這麼不懂事，你來幫我唱唱歌，來冲淡這不好的氣氛。」

於是楊朱唱道：

「老天不知曉，人豈能知道；
老天不保祐，哭號救不了；
我哭你也哭，生死何能保；
醫師和巫術，不是張果老。」㈠

楊朱唱完了，他的兒子還是聽不懂。終於又請來了三位醫師，一位是矯氏，一位是俞氏，一位是盧氏，三個人一起合診。

矯氏看了告訴季梁說：

「你的病因爲冷熱不調和，身體太虛弱，平日饑飽不一，色慾太過，加上思慮煩亂所造成的，並不是什麼妖孽鬼怪作祟，只要慢慢調養，應該可以恢復的。」

季梁說：

「這只是一名平凡的衆醫，叫人立刻把他遣走。」

接著由俞氏報告病情，他說：

「你的病是先天胎氣所造成，雖然後天奶水很夠，也無法補救過來。這種病不是一朝一夕所造成的，而是很早就一點一滴慢慢積成的，到今天已經不可挽救了。」

季梁說：「這是一個良醫，請他吃一頓飯。」

最後盧氏說：

「你的病不是先天造成的，也不是人爲因素造成的，更不是妖孽鬼怪作祟。一個人稟受於天的生命一定有它的主宰，不是人所能控制的，你的情形正是如此，再好的藥石也沒有用啊！」

季梁聽了，非常贊同的說：

「眞是神醫，好好的賞他吧！」

過了不久，季梁的病也不藥自癒了。

人的生命，不是保養得很尊貴就能長壽不死，也不是照顧得很週到就能健康無病。當然，生命也不是忽視它就會夭折，不去照顧就會有所損傷。因此，有些人保養得很尊貴却多病早夭，忽視而不去照顧它反而健康長壽。這樣一來豈不變成，愛護它就是殘害他，不管它就是幫助它了嗎？

其實也不能這樣說，不如說生命是自生、自死、自享、自薄，因爲也有的是愛護它才能生的，忽視它就死去的，保養它是幫助它，忽視它就是殘害它。

總而言之，生命是「自生、自死、自享、自薄」，非人力所能左右的。

附　註

㈠ 原文是：「天其弗識，人胡能覺？匪祐自天，弗孽由人。我乎汝乎！醫乎巫乎！其知之乎！」

5. 楊朱說命

文王的老師鬻熊，告訴文王說：

「自然界中天賦的特長，不見得對它本身有幫助，而天生的缺陷，對它也沒有什麼損害，就像一個人，如果沒有聰明才智，又有啥關係呢？」

關尹的老師老聃，告訴關尹說：

「有些事，大家都以爲是上天所厭惡而不加以厚待的，可是又有誰知道上天如此做，是有意幫助它呢？還是損害它呢？」

這兩句話都是老師教導學生，凡事要迎合天意，去逆處順，那麼利害吉凶都不能傷害他了。

楊布問他的哥哥楊朱說：

「現在有兩個人，他們年齡相近，辯才都很好，面貌又相似，可是他們却一個長壽，一個短命，一個富貴，一個貧賤，一個擁有好名聲受人愛戴，一個却惡名昭彰爲人嫌惡。這實在令我疑惑，他們先天條件那麼相似，結果却差別那麼大！」

楊朱說：

「古人的道理，有些很有意義，不妨讓我說些給你聽聽，使你瞭解以後，就不會困惑了。你剛剛說，兩個人各方面都相似而結果不一樣，那完全是自然的命啊！如果你能放眼看看昏昏昧昧的大世界，整天汲汲營營來來往往的人羣，俯仰其中，你可以任意而爲，如果你想拼命追求沒有人會阻止你，如果你想停止不追求，也沒有人會反對你。日出日落，各忙各的，誰知道爲什麼我這樣？誰知道爲什麼他會那樣？這些說穿了都是命啊！」

楊朱又繼續說：

「一個人如果相信命，就不會計較長壽夭折，相信天下至理就無所謂對錯是非，有信心就不擔心違逆順遂，有能力就無所謂安全或危險。對生命，對真理，對能力都有信心，就無所必然之事了，就能夠內心真誠，信念不移、得失、哀樂都影響不了他。黃帝書上說：『至人居若死，動若機。』就是指一個有至高修養的人，活著和死去一樣，無憂無懼，擧止像機器，很有規律的運行著。這種人往往忘了他爲什麼活着，爲什麼有那麼多可忙碌的，但他不會因四周的人看着他而改變自己，也不因四周的人不看他而做出違背自己的事，這種人才可以獨來獨往，獨出獨入，任何人都影響不了他。」

人有智愚壽夭，命有窮通禍福，不是人力所能挽回。楊布的疑惑，實亦人之常怨，唯有在無法齊一的生命裏，以超人的膽識和智慧去處理生命，才不致因困頓而愁苦，因生死而憂懼。

日出日落，我生我死，誰知道他爲什麼這樣？也別計較他爲什麼這樣？只要自己有信心，別人的順逆並不會動搖我的眞誠。能夠如此才能縱浪大化中，不喜亦不懼！

6. 人生百態

沉默愚昧的「墨杘」ㄇㄛ ㄔ，輕浮妄動的「單至」ㄕㄢ ㄒㄧˋ，悠閒自得的「嘽咺」ㄔㄢˊ ㄒㄩㄢˊ，性情暴躁的「憋懯」ㄅㄧㄝ ㄈㄨ，四個人同居共處，極爲相得，但相處一輩子了，還是互相不瞭解，但他們都以爲自己是世界上最聰明的人。

諂媚善言的「巧佞」，愚魯正直的「愚直」，頑固不通的「婩斫」ㄧㄢˊ ㄓㄨㄛˊ，善於奉承的「便辟」ㄆㄧㄢˊ ㄆㄧˋ，四個人同住一起，極爲相得，但都不肯顯示各人的本領，卻自以爲是世界上有精細明點的人。

頑劣狡猾的「繆忬」ㄒㄧㄠˇ ㄑㄧㄚ，炫耀自滿的「情露」，木訥口吃的「謇極」，多言不遜的「凌誶」ㄌㄧㄥˊ ㄙㄨㄟˋ，四個人同居共處，極爲相得，但不肯多瞭解對方，卻自以爲是世界上最有才能的人。

專事詐欺的「眠娗」ㄇㄧˇㄢ　ㄊㄧˇㄢˋ，拖泥帶水的「諈諉」ㄔㄨㄟˋ　ㄨㄟˇ，雄壯果斷的「勇敢」，畏懼多疑的「怯疑」，四個人同居共處，極爲相得，但都不曾互相挑剔別人的缺點，他們自認這樣才不違大道。

廣結人緣的「多偶」，愎剛自用的「自專」，專權自恃的「乘權」，孤獨自立的「隻立」，四個人同居共處，極爲相得，但都不曾相關照，他們自認是最能順應時勢的人。

這些人世百態，雖然各不相同，但每一個都合乎道，都是命運所歸啊！

偶然成功的人，在成功之初，並沒有想到會成功，偶然失敗的人，在失敗之初也沒想到會失敗，就在那種迷惑不定的情況下，做不了抉擇，於是花費了很多的時間在似成似敗的猶豫裏。

如果能明於成敗的道理，就不會被外來的禍患所干擾，也不會因內心的喜悅而沖昏了頭，隨時可以主動去追求某種事物，隨時可以停止追求，因爲他瞭解身外的禍福動止不是我們的能力所能夠左右的。

一個信命的人，對外在的及內心的改變，都不會產生或喜或憂的心情。

相反的，一個不信命的人，常常患得患失，縱然蒙住眼睛、塞起耳朵，也無法消除內心的不安。

所以說，死生是自然的消長，貧富是時運的好壞。如果竟日躭心壽命不長的人，是不知命的人，竟日埋怨貧窮的人，也是不知自然運數的人。

正確的人生應當是，不躭心生死，不埋怨貧窮，知命安時的去處理人生，那麼，聰明才智高的人，或許因爲懂得衡量利害，探淸虛實，揣度人情後才放手做事，可能成功的機會大，但是，聰明才智較差的人，縱然不衡量利害，不揣摩人情，就冒然去做，其結果也差不多啊！所以，利害的衡量或不衡量，虛實的探究或不探究，人情的揣度或不揣度，有什麼差別！唯有到達沒什麼可衡量，沒什麼可探究的境界，才算超脫而無所喪失，而無所不知了。能夠如此，這百態人生可以相安無事了。

7. 貪生怕死

齊景公到牛山遊覽，站在高高的山上，面對着齊國感慨得流着淚說：

「好美麗的城池啊！那麼葱鬱，那麼茂盛，可是我早晚總會離開這大好河山而死掉啊！唉！如果從古時到現在的人都不會死，那我現在又不知在什麼地方？」

跟隨景公遊山的史孔和梁丘據，聽了景公的話，也跟着流下了眼淚，異口同聲的說：

「臣等依賴君王的恩賜，有粗肉可吃，有劣馬可騎，有破車可乘，這麼低的享受就足以使我們不願死，何況您貴爲一國的人君呢！」

大家都在悽然滿懷的時候，只有晏子在旁邊大笑。

景公摸了一把眼淚，回頭看着晏子說：

「我今天來到這裏，看到山河，想到人世湮滅，心情變得很悲愁，史孔和梁丘據都被這股悲愁感動得流淚了，唯有你不但不悲哀，反而笑得那麼大聲，真莫明其妙！」

晏子回答說：

「這很簡單，假如古時的賢人到現在都還活着，那麼太公望（齊國開國祖先姜尙）和齊桓公（春秋五霸之一）等人，他們現在都還擁有他的君主位，莊公和靈公也都要當齊的君主。既然，大家都擁有他的帝位，那大王將會披着蓑衣，戴着斗笠在田裏忙碌，爲農事天天擔心，那裏還有時間想到死的問題呢？而您又哪來皇帝位呢？如今，您却爲此難過流淚，這是不仁不德的表現啊！我今天看到一個不仁不德的君主，又看到兩個諂媚的臣子，您說！我能不笑嗎？」

景公聽了這番話，自己也覺得慚愧起來，於是擧酒自罰，也罰史孔和梁丘據。

這一齣君臣貪生怕死的鬧劇，說明了不敢面對現實，不敢勇於生勇於死的愚昧。人生的舞臺上，不管你扮演的角色如何重要，如何受人注目，但終要落幕的，戲終人散，各有歸所，又有什麼好悲嘆的呢？

8. 死不足悲

魏國東門有一個姓吳的人，他的兒子死了，他一點都不憂傷，和他相熟的人忍不住問他：

「你的愛子死了，再也找不回來了，爲什麼你一點都不憂傷呢？」

吳先生說：

「我本來就沒有孩子啊！沒有孩子可以不必憂慮，如今兒子死了，正和我還沒有兒子時一樣，那我又有什麼可憂傷的。」

兒子不是我的，死何足悲！我身非我有，爲誰而悲？天下事，若一一細數，可悲的太多，如果竟日爲這些生死得失悲痛，那就悲不勝悲了。

第七卷　楊朱

楊朱曾受學於老子（見黃帝篇），所以一般人說他是道家，但他的學說和道家有很大的差別。道家是聖人在世衰道微，人心不古時，眼見不能挽回滔滔狂瀾，便辭官歸隱，可以不勞心於世事，不競爭於名利，所以主張「少私寡慾」「見素抱樸」「功成身退」。

但楊朱則以人生短暫，應當從心所欲，盡情享樂，一切人世作爲當以私人利益爲重，所以強調的是「貴己主義」，主張不損人利己，亦主張「損一毫以利天下而不爲」，所以楊朱是極端爲我的享樂主義，與道家的無私無欲大相逕庭。

如果再從小則道理上去推敲，所談不外是「人皆有死，應趁生時縱情享樂，不要受世俗名譽美醜的拘束。」譬如他說「名無實，實無名」重在實質的享受；說「生暫來，死暫往」義在勸人生死不足憂；「且趨當生，奚遑死後」強調好好抓住現實；「生恣肆，死順遇」主張放浪形骸，自足自是。不要爲俗世的名位而被「清真」所誤，更不要爲「貧害身」爲「富累身」，凡是可以適性的「酒色」就盡情去做，焉用禮義去自我痛苦，這樣才能達到「狂人」的境界。

人生不如意，主要是「壽名位貨」的得失，但沒有壽名位貨也不行。因此，他認爲德性名譽雖然是虛妄的，但是如果名中有利，也應該趨名求利，如果名中無利才可以放棄，這便是楊子，讓我們慢慢認識他。

1. 實，無名；名，無實

楊朱到魯城去遊覽，住在他的朋友孟氏家裡。孟氏問楊朱說：

「為什麼一個人活著不會滿足，老想要求名？」

楊朱說：「有了好名聲，就容易富有啊！」

「但已經富有的人怎麼還不滿足呢？」

「富有了，還要求尊貴啊！」

「可是已經尊貴的人，怎麼還不滿足呢？」

「還要為死做打算啊！」

「既然死了就一了百了，還有什麼可打算的？」

「為了子孫啊！」

「名聲對子孫有什麼好處呢？」

「名聲是使人肉體苦楚，心神憔悴的東西，如果懂得利用名聲的人，可以使宗族受到恩澤，使鄉里的人得到利益，更何況自己的子孫呢！不過，大凡爲追求名聲的人一定外表看起來廉潔自守，由於廉潔自守，所以很貧窮，由於很貧窮，所以有廉潔的好名聲。另外，追求名聲的人也一定很謙讓，由於謙讓卑下，所以很低賤，由於很低賤，所以他就有謙卑的好名聲。」

孟氏若有所悟，也提出了他的看法，他說：

「管仲當齊國的宰相時，國君淫佚他也跟著淫佚，國君奢侈他也跟著奢侈，君臣兩人志氣相合，言聽計從，於是富國強兵之道大行，齊國因此稱霸諸侯。但他死了以後也只博得一個管子的虛名而已。而田恒就不一樣了，他當齊國宰相的時候，國君驕傲自滿時他就謙退自牧，國君向百姓歛財時他就廣施恩惠，於是百姓都歸附於他，於是後來篡有了齊國，子孫受其遺澤，到今天都不斷絕。這樣看來，一個實際上富有的人，外表却是貧窮的，而實際上貧窮的人外表看起來是富有的。」

楊朱說：

「前人說：『實，無名；名，無實』名聲只是求利的虛招而已。以前堯舜假裝把天下讓給許由，他這樣做，外表上得了謙退的好名聲，其實他並沒有失去天下，而且還享有百年的國祚呢？另外，伯夷叔齊兩人，實際上是孤竹君要把帝位讓給他們，他們才逃離國家，餓死在首陽山，沒想到却得來淸廉的好名聲。所以眞假的辨別是要這樣看的啊！」

名實之間往往是相衝突的，有了好名聲，勢必失去很多的自我，而沒有名氣的升斗小民，反而過得眞實而又快樂。世間的事，就這樣沒有兩全，有所得，必有所失，得失之間，但看自己的取捨，若想求實，則不用斤斤於名，若想求名，則要忍耐失去實際快樂的事實。

2. 生，暫來；死，暫往

楊朱說：「活一百歲是年壽中最完美的，然而千年之中也難得有一人如此幸運。假如現在有一個活一百歲的人，看起來是活得夠長了，但是用下面的算法來看又不盡然。他的一生，小孩子和老年幾乎佔去了一半，而晚上睡覺所花的時間和白天所浪費的時間，又差不多佔去所剩的一半，其他如疾病、哀傷、痛苦、迷惘、憂懼的時候又佔去所剩的一半。算一算，十數年之間，能很自在無牽掛的時候，只剩那麼一點點而已。那麼，人的一生，爲的是什麼呢？還有什麼快樂可言呢？當然，或許有人會說爲了美滿厚足的衣食，爲美妙秀麗的聲色。但是，衣食不缺，並不能長久滿足一個人，聲色之欲也無法長久使人寄託其中。於是又再製造刑罰獎賞等條文來禁止人心的貪求，用名份刑法來限制人的進退，匆匆忙忙的一生，就爲了追求短時的虛譽，好讓他死後能存留一些給後人追念的光榮。這樣一來，一輩子都無法順著自己耳朵的好惡去聽，無法順著自己眼睛的美醜去欣賞，不能隨著自己心意去辨明對錯，結果白活了一輩子，失去了當年真正的快樂，不能盡情地過自己的生活，這和犯了罪被人重重桎梏著又有什麼差別呢？」

「上古時候的人，明白『生』只是暫時來到這個世界，明白『死』只是暫時離開而已，所以能夠隨心意所往而向前進，絲毫不違背自然。碰到自己所喜好的，就應該愉悅地接受它，不要拒絕它，能夠如此，才不會被名所拖累，才能夠依本性去生活，才能不違背萬物，至於死後的好名聲，不是你活著的時候可以得到的，死後的壞名聲就是刑罰也奈何不了你啊！」

綜合上面所說，一個人名譽的好壞，在生前享有，或死後享有都無所謂，至於壽命的長短，更是不可預測的，那麼，看開這暫來的生，好好的過生活吧！

3. 且趨當生，奚遑死後

萬事萬物完全不同的是「生」這件事，而完全相同的則是「死」這件事。

想想看，有的人生在有錢人家，有的生在貧窮人家，有的人生下來賢能又尊貴，有的人却愚笨又卑賤，這是活著的時候免不了的差別，但死了以後却完全相同，統統發臭腐壞消滅無存。

雖然如此，賢能的、愚昧的、尊貴的和卑賤的並不能自己求得，而臭腐消滅也不是自己所能抗拒的。所以生存並不是自己可以使它生存，死亡也不是自己可以使它死亡；賢能並不是自己可以使它賢能，愚昧也不是自己可以使它愚昧；同理，尊貴並不是自己可以使它尊貴，卑賤也不是自己可以使它卑賤。

這一切都是命，都是不相同的生。

因此，天地萬物的生存、死亡、賢能、愚昧、尊貴、卑賤都是齊一的。有的活十年就死了，但活百年也是死。有的仁德聖智的死了，而凶惡愚昧的也死。活著的時候是堯舜，那麼受人愛戴推崇，死後也只是一把腐朽的骨頭，活著的時候是桀紂，那麼被人厭惡唾棄，死後也是一把腐朽的骨頭，所有腐朽的骨頭都是一樣的，又有誰知道它生前有什麼差別呢？所以我們應該把握住活著的時候，何必想到死後的事呢？

這段是楊朱感慨人壽短促，賢愚貴賤同為枯骨，所以頹廢灰心，認為在這短暫的歲月裡，應該盡情享樂，以了此生，不必用心於世事。

4. 貧，害身；富，累身

魯國原憲非常貧窮，衞國的子貢做生意非常富有。原憲由於貧窮傷害了他的生命，子貢由於富有連累了他的身體。

所以貧窮和富足都是不好的！那麼要怎樣才好呢？答案是應該快快樂樂的活著，安安逸逸的過日子，不因為貧窮而損害生命，不因為富有而連累身體，也就是說能樂天自足，才不感覺貧窮，能安逸不爭，才不會為錢財所累。

古語上說：「生相憐，死相捐」，這句話實在說得太深刻了，而「相憐」（憐，愛也）的方法，並非內心表現真誠就可以了，而要從日常生活中去做，勞苦的，想辦法使它安逸，饑餓的，想辦法使它吃飽，寒冷的，想法使它溫暖，窮困的，使它通達，才是真的做到「生相憐」啊！

至於「死相捐」（捐，棄也）的方法，並非連他的死都不哀痛，而是在他死時，不必含珠玉（古時人死口裡含珠玉），不必穿文彩的綢緞，不必陳列犧牲，不必設明器（古時人死陪葬的陶瓷等用具），免去那些不必要的繁文俗節，才是真正的「死相捐」。

貧有所不足，故害身；富有所不安，故累身。那要怎樣才能快樂自足，不傷害，不連累身體呢？楊朱在這裡提出「生相憐」來減除貧困，提出「死相捐」來免除不安。

5. 狂人？達人？

衞國的端木叔是子貢的後裔（子貢姓端木名賜，以財富有名），靠著祖先留下的財產而富甲一方，所以他也樂得不問世務，任意揮霍，只要是一般人生活的享受，吃喝嫖賭各項玩樂，沒有不去追求，不去盡情玩樂的，所以他住的是紅牆碧瓦，花園池塘，吃的是山珍海味，應有盡有，出門高車大馬，吆喝奔跑，美女寵妾無數，極盡聲色享樂，幾乎可以和齊楚的國君相比。舉凡心裡所愛好的，耳朵所愛聽的，眼睛所愛看的，嘴巴所愛嚐的，沒有不盡情的，沒有不滿足的，縱使是遠地的奇珍異寶，也都刻意的羅致，好像就在自己家裡的東西一樣。

他出外遊玩更是濶氣十足，無論山川如何險阻，路途如何遙遠，沒有不去的，好像就在家附近一樣不看在眼內。他又好客，每天都有上百的客人往來，所以厨房內整天都不曾斷火過，廳堂內整天都歌樂不停。他又把奢侈自養所剩的分送給族裡的親人，還有剩下的就送給鄉里的人，送給國內需要的人。到了六十歲，氣衰體弱了，就拋棄家事，分散庫藏的奇珍異寶，連車馬衣服，寵妾嬪妃都一一遣散，一年之間統統散盡，不給子孫留下一點財產。等後來他生病了，也沒錢醫治，後來他就死了，死後連埋葬的費用都沒有，國裡的人曾經受他的恩惠的，都紛紛把以前他所送的錢奉還給他的子孫。

禽骨釐聽到了這個消息就說：

「端木叔真是個大狂人，他那種做法真使他的祖先受辱。」

段干生聽了竟說：

「端木叔真是個通達的人，他的德性比他的祖先子貢還要高。」

從這樣看來，他的所做所爲，雖是刻意的經營却也是眞誠而又合情理啊！衞國那麼多的君子之人，都以禮敎自我要求，却沒有人能比得上他的眞誠。

6. 人終要死的

孟孫陽問楊朱說：

「有一個人貪生怕死，整天祈求長生不死，你覺得怎麼樣？」

楊朱說：「求也沒用，反正人都要死的。」

孟孫陽說：「求命長一點呢？」

楊朱說：

「生死有命，並不是特別關照，或天天祈求就能長命的啊！人的身體也不是特別愛護就能保養好的，那又何必想辦法使自己長命呢？人情的好惡，從古到今都一樣，對世事的苦樂，從古到今的感覺都一樣，而時代或治或亂變化循環也是從古到今都一樣，旣然都一樣的事，只要聽過了，看過了就好了，何況經歷那些事也不用一百年時間就夠了，一百年已經令人不耐煩了，又何必接受長壽的痛苦呢？」

孟孫陽說：

「既然如此，活得長命不如早些死的好囉！那麼甘脆踏刀自殺，跳入燙熱水中把自己燙死算了。」

楊子說：

「不能這樣，既然活下來了，就應該讓它自然生長，照著自己的需要來接受死亡，如果快要死了，也要順其死，不用眷戀難過，能夠不愁生，不怕死，又何必擔心生死的快慢呢？」

7. 拔一毫以利天下而不為

楊朱說：

「伯成子高不肯犧牲自己任何小利益來成全他人，於是離開他的國家而隱居起來，大禹不為自己的利益打算而為他人犧牲，所以弄得遍體枯槁。古時候的人減損自己身上的一根毫毛來幫助天下都不肯，而天下人把所有都奉獻給他，他也一毫都不取，大家自盡本分不幫助他人，天下自然太平無事了。」

禽子問楊朱：

「拔去你身上一根毫毛就可以幫助全世界的人，你肯不肯做？」

楊朱說：

「這個世界本來就不是一根毫毛可以幫得上忙的。」

禽子說：

「現在假定一根毫毛可以幫大忙，你肯幫助嗎？」

楊朱並不答應。

禽子從楊朱那兒退出後，就告訴孟孫陽。孟孫陽說：

「你根本不瞭解楊夫子的意思，讓我先問問你。」

孟孫陽說：

「如果現在有人要攻擊你，割傷你的皮肉，然後給你萬金，你願意接受嗎？」

禽子說：「我一定接受。」

孟孫陽又說：

「如果有人要弄斷你一隻手臂，然後給你一國的城池，你幹不幹？」

禽子不吭聲。過了一會兒，孟孫陽說：

「一根毫毛的損失比皮肉受到傷害微小得太多了，而皮肉受傷害又比斷一隻手臂更微不足道。但是毫毛積多了以後可以比得上皮肉，皮肉積多了可以比得上一隻手臂，一根毫毛固然只是身體的萬分之一而已，但也不能短視它啊！」

禽子說：

「照你這樣說，我不知用什麼反駁你，但是假如我們向老子關尹子請教的話，我想他會說你是對的（老子關尹子的學說是貴身賤物），而我們向大禹墨翟請教的話，他會說我的看法對（大禹墨翟以賤己貴物爲主）。」

孟孫陽無話可說，只得回頭和他的學生談其他的事。

8. 何生之樂

楊朱見梁王，告訴梁王說：

「治理天下，好像把天下放在手掌中操作一般簡單。」

梁王說：

「你連一妻一妾都不能管好，三畝的園地都不能除剪好，竟然說治理天下好像舉手之勞而已，這話怎麼說呢？」

楊朱說：

「您看過牧羊的人嗎？成百的羊羣，只要派一個五尺高的小孩，拿著竹節，跟在羊羣後面，指使羊羣，要往東就往東，要往西就往西。假使現在牽一頭羊，手裡拿著竹節，跟在羊的後面，就無法隨心所欲的指使羊羣前進了。而且我聽說能夠吞下船的大魚是不在小支流游動的，鴻鵠飛得很高不隨便停在小池塘上的，爲什麼？因爲牠的目標遠大不可及啊！就像黃鐘大呂這種莊嚴的調子，是無法用來演奏細碎煩人的俗樂的啊！爲什麼？因爲它的音階很少，細碎的音樂無法表達，所以『治大者不治細』『成大功者不成小』就是這個道理啊！」

太古以前的事，早就被人忘光了，誰還記得它呢？三皇的事，好像存在又好像忘光了；五帝時的事，好像很清楚，又好像做夢一般飄忽。通計起來，三王時的事，有的依稀記得，有的消失無形，充其量億萬之中能記得一件就不錯了。甚至身臨其境的事，有的可以聽到，有的可以看到，大概一萬件中記得一件就不錯了。眼前的事，有的活生生在這裡，有的一閃卽逝，也不過千件之中記得一件而已。

從太古到今天，所經過的年限，已經是無可數記了，單單伏羲以來就有三十萬年，其間賢能的、愚笨的、美好的、醜陋的、成功的、失敗的、對的、錯的，沒有一個不消失無形的，只是時間的早晚而已。

如果為了短時的毀譽而使自己神形焦苦，得來的虛名也無法使枯骨復生，那活著還有什麼快樂可言呢？

人和天地一樣，有喜怒哀樂的本性，而所有生物中最靈巧的是人，但人的手爪牙齒不足以保衛自己，皮膚不能抵抗外來的攻擊，快跑不能逃過敵人的侵害，平日沒有羽毛保護自己免受寒氣侵襲，必須靠其他物資來保養自己，靠智力而不靠體力。但智力的可貴在於能夠保護自己的生命，力量的不足恃是因體力常被用來侵害別人。

我們的身體，本來就不是我所擁有，如果已經生下來了，就要讓它活下去，不可戕害它。假如有了生命，就很自私的抱住不放，那未免私心太重，那等於是蠻橫的把天地的生命當做私人的，這是聖人所不耻的行為。

一個至公的聖人，應該把身體交給天地，把一切財物都看做公衆的，這樣才不會拖累自己，才可以說是個「至公」的人。

生既無所樂，死亦無所悲，只要抓住一閃卽逝的現在去努力開創就可以是「至至」的人了。

9. 壽名位貨

世界上的人，汲汲營營，不得休息的原因是爲了四件事在自尋煩惱。第一是壽命，第二是名譽，第三是地位，第四是財物。擁有這四項寶貝，就足以使人畏首畏尾，煩惱終日，他們怕鬼傷害他的生命，怕人毀壞他的名譽，怕威勢奪去他的地位，怕刑罰沒收了他的財物，這種人叫做「遁人」。

一個能看開「壽、名、位、貨」的人，儘管活著或被殺都無所謂，因爲他早把生命置之度外，能順著自然生死，不會羨慕高壽的人，不把尊貴名聲當成一回事，就不會羨慕有名聲的人，不追求高的權勢，就不會羨慕有地位的人，不貪圖富貴，就不羨慕別人擁有的財物，這種人叫做「順民」。

俗語說：「人不婚宦，情欲失半；人不衣食，君臣道息」，意思就是說能看開

「壽名位貨」，不求官，不追慾，不爲衣食忙碌，就可以清心恬淡，怡然自得，也就不須要像君臣那樣的繁文褥節了。

周的諺語上也說：「田父可坐殺」，原因就是說一個農人早出晚歸，忙於農事，自得其樂，喝漿吃菜，自以爲美味無比，肌肉粗厚，筋骨勞頓，還是樂之不疲。但是如果有一天要他們住在柔軟的華屋毛毯裡，吃的是肥肉蘭橘，反而會弄得他們心痛體煩，內心煩亂躁熱，結果百病叢生，縱然整天坐臥而不工作，也等於殺了他一樣。

商魯的國君，想和農夫一起耕地，結果做不到一小時就疲憊不堪，所以說鄉野的人所認爲安適的生活，所認爲美妙的事物，往往是王公貴人所無法忍受的，因此「壽名位貨」並不一定可以滿足一個人，說不定是一種累贅呢？

以前宋國有一位農夫，常年穿一件亂麻絲織成的衣服，捱過寒冷的冬天。到了春天，在田裡工作，太陽從頭上照下，夾著和熙春風，覺得非常舒暢，因爲在他一生中，根本不知道有深廣而又溫暖的大宮室，也不知道天下有輕暖的綿衣皮裘，所以晒了太陽，就很興奮的告訴他的妻子說：「春天晒在陽光下真舒服，我想沒有人知道這個秘密，想把它呈告奉獻給我們的國君，一定可以得到重賞。」

同鄉的有錢人聽了，就告訴農夫說：

「從前有個人，他有美戎菽、甘枲莖（枲，音ㄙ麻也）、芹萍子等常見的菽麻菜，於是向當地的富豪誇耀，富豪取來嘗了一口，口裡難受肚裡不舒服，大家都笑罵農夫，弄得自己既狼狽又慚愧，你大概就和他一樣吧！」

所以擁有「華屋」「美服」「厚味」「姣色」四個條件，已經夠優厚了，何必再求什麼？如果有了這四項還向外求索的人是貪求無厭的，這種貪求不滿足的性格是戕害陰陽之氣的蠹蟲。

一顆滿懷忠愛君主的心，並不能使他的君主安舒無憂，甚至常由於他的忠愛，反而構成對君主的危害（如野人獻曝），一個人懷有正義之心，並不能使別人受到恩惠，甚至因他的正義反而戕害了別人的生命（如野人獻美戎菽）。所以真正能使君主安舒的並不是臣民的忠愛，真正能使他人受益的並不是你的正義感，而是不設名目，不巧詐，不戕害的自然法則。那麼世上也無須要忠愛正義的名目，就可以君臣相安，人我受制了，這也就是古人所追求的最高人生哲理。

鬻子說：「去名者無憂」，那是把名看成戕害生命的東西。

老子說：「名者實之賓」，那是看輕名位的不實在。

然而芸芸衆生，却汲汲營營的追求名位，根本談不到「去名」，談不上「輕」名了啊！

當今天下，有名位的就享有尊貴榮譽，沒有名位就被看成卑賤屈辱，而且尊貴榮譽的過著安逸快樂的生活，而卑賤屈辱的就過著憂傷愁苦的日子。憂傷愁苦的生活是違背人性的，安逸快樂的日子才是順從人性的啊！這才是真正的生命本質，所以名位怎麼可以拋棄呢？名位怎麼可以看輕呢？當然，也不可以爲了守住名位而生活自苦，戕害了實際的生活。否則爲了保住名位而使自己憂心忡忡，忙忙碌碌，那還有時間享受安逸的生活啊！

第八卷　說符

天下事沒有一定的道理，禍和福也沒有定則，前人說：「濃霜遍打無根草，禍來只奔福輕老。」這只是專對一些倒霉的人而言。如果我們細細推量，慢慢的驗證，會發現禍福相倚，感變不一，不是任何人所能控制得了的。

本篇所舉的事例，如宋人黑牛生白牛，先禍後福（見禍福相倚）；兩個蘭子表演特技，一受賞一被拘（見幸與不幸）；牛缺遇盜燕人遇盜，做法不同，都是被殺（見理無常是，事無常非）；……，諸如此類，足以說明人世間的道理，沒有一成不變的準則，遇之則幸，不遇則毀敗身亡，又怨得了誰。

在此無準則的人世，唯有以高人的智慧，去察情度實，去察言觀色，才能過得悠遊自在。如「特勝者以彊為弱」、「聖人不恃智巧」、「知言者不以言言」、「爵祿招人怨」……就是教我們如何在譎變不一的人情裏尋找最好的出路。

明白了「得時者昌，失時者亡」，懂得「我伐人，人亦伐我」的道理，就可以左右逢源，通行無礙了。

另外，在這裏又談一些超人的性靈，如「善相馬者不知牝牡」，「為不知已者死」，「多歧亡羊」……都是與一般凡俗看法不同，必須涵泳其中，細細體味，才能參透這些高超的想法和做法。

所謂「去末明本，約形辯神」，所謂「立事以顯真，因名以求實」，就是說符所啓示我們的。

1. 持後以持生

列子向他的老師壺丘子林學習做人的道理。

壺丘子林說：

「你必須先懂得『持後』的道理，然後才能談『持身』。」

列子說：「請老師先告訴我『持後』的道理吧！」

壺丘子說：「你先回頭看看你的影子自然會明白。」

列子回頭看看自己的影子，發現彎着身子時影子就彎曲，站直身子時影子也自然站直，影子的或彎曲或正直完全隨身形的曲直而變化，而不是影子本身可以自由曲直。而身形的或彎或直又由外物的變化決定，不是自己可以決定的，這就是落在人後而其實處在人前的意思。

關尹子告訴列子說：

「以好心待人，必得好報，以惡意待人，必得惡報（原文：言美則響美，言惡則響惡），身體高的人影子長，身體矮的人影子短，一個人的名譽就好像回聲一樣，做好事就反響出好名聲，做壞事就反響出壞名聲。而一個人的身體就像影子一樣，身體高影子便長，矮影子便短。如此一來，有形有影，有聲有響，影隨形，響隨聲，就是所謂的『影響』了。所以說說話必須謹愼，否則立刻被人知道，行動要謹愼，否則立刻就有人跟隨，聖人之所以『見出以知入』『觀往以知來』，都是從『持後』的道理，而變成一個『先知』了。而這一切的做法都以自己的做法爲準。先查證別人的反應，如果別人愛我，我一定愛他，別人厭惡我，我也一定厭惡他。就像湯愛天下之民，所以天下人愛戴他，他就統一天下，紂不愛天下的人，所以也不爲天下人所愛，最後自然敗亡，這就是很好的驗證。

如果自己有了標準，又查證別人的反應很好，却不知道遵循着去做，那就好像出入不經過大門，走路不走正路一樣，如果想這樣求利不是太難了嗎？我曾經觀查神農炎帝的德行，查證虞夏商周等書，再從當今正直賢能的人所說的話做一比較，得到他們存亡興廢的道理，沒有不是本著『持後』之法的。」

2. 學道者爲富？

嚴恢說：「學道的人是爲了富有嗎？但擁有許多珠寶的人也很富有，何必一定要學道呢？」

列子說：「桀紂就是因爲重利輕道所以敗亡。一個人，如果沒有正義之心，而只爲了食物在奔忙，那和鷄狗無別。弱肉強食你爭我奪就是禽獸，如果自己的作爲只是鷄狗禽獸，而又想要別人尊敬自己，那是不可能的，不能得到別人尊敬的，那就太危險了。」

3. 列子學射

列子學射，偶而射中了一次，就去向關尹子請教真正射箭的秘訣。

關尹子說：「你知道爲什麼射中嗎？」

列子說：「不知道。」

關尹子說：「那還不行，回去好好練習。」

過了三年，列子回來向關尹子請教秘訣。

關尹子問：「你現知道爲什麼射中了嗎？」

列子說：「知道了。」

關尹子說：「那好，好好把握你這個技巧別荒疏了，順便提醒你，不只射箭要知道射中的道理，就是治國修身也一樣，必先清楚整個過程。」

因此，聖人對修身治國的道理，不考慮存亡問題而細心追查弊病的所在。

4. 知賢而不自賢

列子說：

「精神充沛的人，往往驕矜自恃，孔武有力的人，往往奮勇自大。這種人是沒有必要和他談道的，所以和頭髮尚未變白的人談道是無法說得通的，更何況要他實行呢？因爲一個剛愎自用的人，別人就不願意把過失告訴他，沒有人告訴他就會孤單無助。因此一個賢德的人用人時，喜歡找年紀大些，但氣力還沒有衰歇，智能發展已過巔峯，但不會亂性的人，所以治理一個國家的困難在於如何找到賢能的人，不在於自己多賢能。」

5. 聖人不恃智巧

宋國有一個人，用玉製造一片薄薄的楮葉給他的國君，費了三年時間才造成，因爲雕工細膩，栩栩如真，把它放在楮葉堆中幾乎可以亂真，於是這個人成了名，就靠他的技巧在宋國過着好日子。

子列子聽到了就說：

「假使天地間的植物，三年才長成一片葉子，那麼有葉子的植物豈不是太少了，所以聖人只相信自然界生長的道理，不依靠人工的雕琢。」

6. 先知的話

列子在鄭國困窮饑餓而面有菜色。

有一個賓客看到這個樣子，就告訴鄭國宰相子陽說：

「列禦寇是一個很有修養的名士啊！現在住在您的國內而窮困成這個樣子，難道您不愛惜這些名士嗎？」

子陽聽了立刻派人送米糧給列子。

列子只好出來迎接送米糧的使者，行禮後辭謝了那些贈物，使者回去，列子進入內室，妻子看到他就很難過的說：

「我聽說做一個有道之士的妻子都能安樂度日的，現在家裏正窮，宰相派人送食物來，你却回絕了，難道我命中注定要受苦嗎？」

列子笑着告訴他的妻子說：

「你並不完全瞭解我，如果因爲聽了別人的話才送給我米糧，誰敢保證不會因爲別人的話而加罪於我呢？這就是我不敢接受的原因。」

後來，果然百姓不滿子陽而發難把子陽殺掉了。

7. 得時者昌，失時者亡

魯國施氏有兩個兒子，一個喜歡學問，一個喜好兵法。喜歡學問的兒子以他所學去見齊侯，相談之下，齊侯很高興，就錄用了他，請他當太子的老師。喜好兵法的兒子也以他所學去見楚王，楚王很滿意，也用了他，請他當「軍正」的官。二人的俸祿極高，爵位極榮耀，親戚都引以爲傲。

施氏的鄰居孟氏，也有兩個兒子，也都愛好學問和兵法。因爲家裏窮，所以非常羨慕施氏的富有，就向施氏請教致富的方法，施氏把兩個兒子的實情告訴他。

於是，孟氏如法泡製，叫好學問的兒子去游說秦王，秦王說：

「現在是諸侯以力相爭的時代，沒有兵力和糧食是不行的，如果用你所說的仁義來治國，豈不是要秦國自取敗亡。」

於是把他處宮刑（古五刑之一，割去生殖器。），然後把他放逐。

另一個好兵法的則去衞國，以所學兵法求見衞侯，衞侯說：

「衞是弱國，夾在大國之間，爲了生存，只能對大國恭謹服侍，對小國加以安撫，才能保有衞國，如果用你所說的兵法治國的話，滅亡的日子就在眼前，現在如果讓你平安回去，你再到別國去，那時又會危害我們的國家，實在值得擔心。」

於是把他處了刖刑（刖，音ㄩㄝ，古五刑之一，砍去兩腳）逐回魯國。

兩兄弟回到魯國，孟氏父子非常氣憤，拍胸頓足的去找施氏。施氏說：

「凡得天時的就昌盛，失天時的就滅亡，你們做的全跟我們一樣，但結果却不同，那是因爲失去天時，並不是做法有什麼不妥。何況天下的道理，本來就沒有永遠是對的，說不定以前所採用的非常合適的方法，今天完全派不上用場，而遭受被丟棄的命運。而這個被廢棄的方法，或許隔不多久又派上了用場。用與不用之間並沒有對錯之分，能夠因應時代需要，提出補救辦法，才是一個真正的智者，如果有足夠的智力，又像孔子一樣博學多聞，像呂尚一樣足智多謀，才能無往而不利啊！」

孟氏父子聽了才頓然醒悟，心中的怒意也消了大半，很不好意思的說：

「我明白了，不要再說了。」

8. 我伐人，人亦伐我

晉文公出會諸侯，想要討伐衞國，公子鋤聽了，仰天大笑，文公問他笑什麼。

公子鋤說：

「我在笑我的鄰居，有一天在送他妻子回家的路上看到一個採桑婦人，很高興的前去和採桑婦人搭訕，但當他回頭看自己的妻子有什麼反應時，竟然發現也有陌生人在向他妻子招手挑情，我看了，老覺得好笑。」

文公聽了恍然大悟，就停止了伐衛的行動，帶領軍隊回國了，還沒有回到都城，就傳來消息說有人偷襲晉國北邊的守地。

9. 止盜在明教化

晉國盜賊非常猖獗，苦於拿不出遏止的方法。

恰巧，有一個叫郗雍的人，能觀察盜賊的眼睛，及眉宇間所表現出的神色，而查出他竊盜的事實。晉侯就請他判斷盜案，沒有一次差錯。

晉侯大喜，於是告訴趙文子說：

「我得到一個抓盜的異人郗雍，可以使全國盜賊都消滅，這樣看來，用人不必太多，只要用對一個人就夠了。」

文子說：

「您靠偵察的功夫而找出盜賊，那是永遠消滅不了盜賊的，而且郗雍一定會遭人暗算而死。」

不久，盜賊們聚集在一起討論說：

「我們所怕的只有郄雍一個人，一定要設法解決掉。」

於是共同謀劃，終於把郄雍殺了。

晉侯得到郄雍被殺的消息，大爲驚駭，立刻召見文子，告訴他說：

「事情果如你所料，郄雍被人殺害了，如今要用什麼方法來遏止盜賊呢？」

文子說：

「周朝有一句諺語說：『察見淵者不祥，智料隱匿者有殃』，您要使國內沒有盜賊，不如擧用賢能的人，付予他教化的責任，那麼上行下效，時間久了，百姓都知耻而不爲盜，盜賊就自然消滅了。」

晉侯採取文子的方法，結果國家大治，羣盜在晉無法容身，都逃奔到秦國去了。

10. 忠信可以渡大河

孔子從衞國回到魯國，把車停在河梁的岸邊休息。看到對岸有高三十丈的瀑布，因地勢高，水沖下的力量大，在河底造成了九十里寬的廻旋，連魚鼈都游不過去，黿鼉音ㄩㄢˊㄊㄨㄛˊ等大龜也不敢居住。

突然，對岸一個人正準備渡水過來，孔子立刻站在崖邊阻止那人渡河，並在岸上喊道：

「這裏水高三十丈，沖下去力量太大，連魚鼈都游不過去，黿鼉都不敢住，你想渡河而過，那是萬不可能的事，快點囘來爲妙。」

那個人根本不把孔子的話放在心上，還是毫無所懼的游了過來，安安穩穩的來到岸上。

孔子大爲驚訝，於是對他說：

「你的泳技眞精彩，你有什麼特殊秘訣啊！否則在這麼急的水裏怎麼可以出入自如呢？」

那個人囘答說：

「當我走進水中時，一心想着忠信兩字，所以毫不畏懼，等我走出來後，還是想着忠信兩字，我的軀體就在忠信之中隨波逐流，不敢有半點私心，所以能夠平安的走進去，又平安的走出來。」

孔子聽了，就告訴學生說：

「各位記清楚，連水都可以用忠信誠懇來親近它，何況人呢？」

11. 知言者不以言

白公想偷偷的把子西、子朝殺掉，但他不敢直說，就用其他的話試探孔子的意思。

白公說：

「找個人秘密謀劃一些事情，您說行得通嗎？」孔子不回答。

白公又用別的話試探，他說：

「如果把石子投入水中你覺得怎麼樣，應該不會被人查出來吧！」

孔子說：

「很難說，吳國善於游泳的人，可以潛入水底把它取出來。」

白公說：「如果把水倒進水裏，應當沒有人分辨得出來呢！」

孔子說：「淄水澠水混合在一起，古時善於辨味的易牙嚐一嚐就能分辨出來。」

白公又問：「這樣說來，人真的不能有所密謀嗎？」

孔子說：

「爲什麼不可以呢？如果對方是個很會聽話，一點就通的人，就可以和他密談沒有問題了，因爲一個會聽話的人，不必用言語就能明白，像一個捕魚的人一定會被弄濕身體，捕獸的人一定要到處追趕一樣，那並不表示快樂，而是很自然的，很不得已的事啊！所以最會說話的人不必說話，最好的作爲是無爲，而一般淺薄無知的人所爭逐的只是末道而已。所以要有所密謀，必須找那不必說話的至人。」

白公聽了這番話，無計可施，終於自殺在浴室。

12. 持勝者以彊爲弱

趙襄子派新穉穆子帶兵攻打翟城，大勝而回，且佔領了左人中人兩個城邑。新穉穆子派人來報告這個消息，趙襄子正準備吃飯，聽了個消息面有憂色。

左右的人說：

「一天就攻下了兩個城邑，這是令人振奮的好消息，而您却面有憂色，是爲什麼呢？」

趙襄子說：

「古人常說，江河上暴漲的河水，不出三天就會消退。又說『飆風不終朝，驟雨不終日，日中不須臾』都是指盛大得意的事不會太長久的，就像大水不過三天，大雨不過一天，狂風不過半天，日正當中只是須臾之間就過掉了一樣。現在我的德行無法普及四處，却一朝用兵攻下兩個城邑，這不是跟着就要衰亡了嗎？」

孔子聽了說：

「趙國有這種君王，一定會強盛的。因爲憂懷在心，刻苦經營一定會強盛，而自高自大，自以爲是，一定會敗亡的。求得勝利不是一件難事，困難的是如何堅持，歷代賢明的君主，就是靠他的堅持而取得勝利，所以他的福祉可以長遠的留傳給子孫。歷史上的齊國、楚國、吳國、越國都曾經強盛一時，然而最後還是走上敗亡的命運，爲什麼呢？那是不明白『持勝』的道理。反過來看看那些長久強盛不衰的君主，都是運用『持勝』的道理而保持國力的啊！」

聽說孔子力大無窮，可以手舉大城門而毫不費勁，但他却不以力大爲人所知，墨子和公輸般紙上談兵鬪法，由公輸般攻，墨翟防守，結果公輸般總無法攻下，對墨翟非常敬服，但墨子也不以懂兵法爲人稱道。

從上面看來，一個善於「持勝」的人，往往是隱藏着自己的實力，使人外表看起來很弱的樣子，但真功夫都在非常時刻才發揮出來。

13. 福禍相倚

宋國有個人平日行善好義，三代都熱心公益，爲人解難。可是他們所養的一頭黑牛，却無緣無故生了一頭白牛，覺得好生奇怪，怎麽黑牛會生白牛。於是跑去問孔子。

孔子說：

「這是一個好朕兆。」

於是就把那隻白牛獻給尹國的君主。

過了一年，他的父親好端端的竟瞎了一隻眼睛，而那頭黑母牛又生了一隻小白牛，他的父親又再命他去請教孔子。兒子說：

「以前向孔子請教，他說是好朕兆，結果您好端端的瞎了眼睛，孔子的話一點都不值得相信，還問他幹什麼？」

父親說：

「聖人所說的話，往往起先不靈驗，以後自能相合，而且黑牛生白牛的事還沒有弄清楚，姑且再問他一次好了。」

做兒子的只得聽從父親的話，又再去問孔子。

孔子說：

「黑母牛生小白牛，一定吉祥的，囘去好好的向天祭拜吧！」

兒子囘去，把情形告訴父親，父親說：

「好好遵循孔子的話去做吧！」

就這樣過了一年，他的兒子又無緣無故瞎了眼睛。

不久，楚國攻打宋國，宋國受戰亂影響，全城陷入饑餓絕境，百姓沒有東西吃，只好「易子而食，析骸而炊」（不忍吃自己的孩子，只好交換着吃，無柴可燒，便剖骨爲燃料），家裏凡有健壯的男子當兵爲保衞而戰，宋國犧牲了大半的人口。

而這對父子，却因眼睛瞎了逃開當兵戰死的惡運。後來戰爭結束，一切恢復正常以後，這對父子的眼睛也自動好了。

所謂「塞翁失馬焉知非福」，一點都不假啊！當然這裏還附帶「善有善報」的意味，那就很難說了，只要問心無愧的行事，暫時失意，又有啥關係？黑暗的後面接着就是光明，忍一時之憂，換來的是無限的希望，那更是可貴啊！能如此想，生黑牛或白牛都無謂了。

14. 幸與不幸

宋國有一個人叫蘭子（古時人凡不知出生者都稱蘭子），懷有一身絕技，於是跑去見宋元君，宋元君召見了他，就要他亮亮身手。

蘭子把兩根差不多有兩個身子高的木棍綁在脚上，人站在上面，然後奔走跳躍，前進退後，運用自如，木棍就像是自己的脚一樣靈活，後來又站在木棍上面，兩手玩耍七把劍，一上一下，左蹦右跳，耍劍的手上下不止，七把劍總有五把在空中飛動。宋元君看了大爲驚訝，天下竟有這等奇技，於是立刻賞給他大把的金銀布帛。

後來又有一位蘭子，擅長表演燕國特技，於是又去謁見宋元君，表演倒勾的空中飛人給宋元君看。沒想到宋元君看了非常生氣的說：

「前些日子蘭子表演特技給寡人看，其實他的技巧非常平庸，正好那時我心情很好，所以賞賜他金帛，你一定是聽到這個消息而來表演給我看，希望我也賞賜你。」

結果，後來的那個蘭子，被宋元君拘禁起來，準備把他殺掉；還好，過了一個月，念頭一轉，就把他釋放了。這兩個人技巧相同，際遇差別却那麼大，我們又能說什麼呢？

人世造化就是如此，往往刻意求取的事，被握有關鍵性權力的人輕輕一念之轉就完全改觀了。所謂「有心栽花花不發，無心插柳柳成蔭」就是這個道理啊！該來的命運是逃不掉的。

15. 善相馬者不知牝牡

伯樂是個以相馬聞名於世的人，但他年紀已大，秦穆公躭心找不到傳他衣鉢的人，所以有一天見到伯樂，就問他說：

「您的年齡這麼大了，實在應該讓你退休享享清福才對，但是要找一個像您這麼會相馬的人可不容易啊！不知道你族人之中是否有這種人才？」

伯樂回答說：

「一般的良馬，可以從牠的外表體型看出來，但要識別天下的特優名馬可就不容易了。這種名馬外表看起來一點都不起眼，如果常人來相一定以爲平凡而沒有價值。但這種馬經過訓練以後，可以奔跑如飛，千里不累，我的族人沒有能辨別天下名馬的能手，多半只是下等人才，只能鑑別良馬，無法鑑別千里馬。倒是我有一個朋友叫九方皐，平日挑柴賣菜，做的是低賤工作，但他相馬的知識却高人一等，讓我把他找來見見皇上好了。」

穆公很高興，召見了九方皐以後，就命他去尋千里馬，花了三個月時間，回報穆公說已在沙丘（地名）找到了一匹特好的馬。

穆公問他是怎樣的馬，九方皐說：

「是一匹黃色的母馬。」

於是派人把馬買回來，結果是黑色的公馬。

穆公非常不高興，立刻請來伯樂，告訴他說：

「事情真不妙，你所推薦的相馬人，竟然連馬的顏色雄雌都無法分辨，怎麼能夠知道什麼是千里馬呢？」

伯樂聽了，嘆一口氣說：

「真出乎我意料之外，九方臯的相馬術竟然如此高妙，真不知比我高明多少萬倍，在我所知，九方臯的相法是看馬的『天機』（天機在形骨之外，光憑外表看不出來），因爲他看的是最深的內在，所以忘記了粗俗的外形，他所看到的只是他想看的天機，所以看不到毛色和雄雌。」

後來試騎的結果，果然是天下的名馬。

16. 治國如治身

楚莊王問詹何說：「要怎樣才能把國家治理好呢？」

詹何說：

「我只知道修養身心的方法，不懂怎麼治國。」

楚莊王說：

「我身負宗廟社稷大任（宗廟，是祭祖；社稷，是土神和穀神，都是國家最重要的事）希望學到永遠保有國家的方法。」

詹何說：「我不曾聽說，一個本身能治理得很好的人却把國家弄得很亂，也不曾聽說，連自己都管不好，却能把國家治理好的人。一切根本在修身，我怎麼敢告訴你治國的末道呢？」

楚王說：「真是一針見血的說法。」

這則對話有點像儒家的觀念，所謂「國之本在家，身修而後家齊，家齊而後國治，國治而後天下平。」詹何大概是儒門弟子吧！

17. 爵位祿招人怨

狐丘丈人告訴孫叔敖說：

「一個人容易招來怨怒的三大原因是什麼，你知道嗎？」

孫叔敖反問：「這話怎麼說？」

狐丘丈人說：「三個原因是「爵高」「官大」「厚祿」：爵位高的人令人嫉妒，官位大的人君主怨恨他，俸祿高的人，大家不願接近他。」

孫叔敖說：

「我的爵位愈高，對人愈卑下；我的官愈大，心志愈微小；我的俸祿愈優厚，愈能施惠助人，就可以去除這三個怨怒了。」

後來，孫叔敖病重快要死了，就告戒他的兒子說：

「皇上以極好極有利的土地封我，我不接受，但如果我死了，一定會轉封給你，你一定不可以接受那些好封地，除非楚越之間的寢丘—既貧瘠又多鬼怪瘴癘的地方，不妨接受，因爲那種地方沒有人爭，才能長久保有。」

孫叔敖死，楚王果然以最好的土地封給他兒子，他兒子推辭不敢接受，只請求封賜寢丘的地方，楚王也答應了，所以到現在，他的後代果真仍保有其地。

18. 理無常是，事無常非

在上地（邑名）有個叫牛缺的大儒者，有一次他去邯鄲（地名），路上遇到一羣強盜，把他的衣服車馬統統洗刧一空。牛缺只得走路前往，強盜們看到牛缺雖然東西被搶光了，却依然神色自若，甚至表現出很高興的樣子，覺得很奇怪，就追上去問他原因。

牛缺不慌不忙地說：

「一個君子不會因自己的需要而奪去別人的需要。」

強盜們說：

「聽起來像很賢德的人所講的話。」

停了一會兒，覺得不對勁，於是又互相商量說：

「以他的賢德去到趙國（邯鄲在趙）以後，一定受重用，一定會說出我們搶他的東西，不如把他殺了以絕後患。」

於是又追上前去把牛缺殺掉。

燕國有個人知道這件事，就召集族人，告誡他們說：

「碰到強盜一定不能像牛缺那樣儍。」

大家都接受他的敎誨。

不久，那個燕人的弟弟有事到秦國去，到了半路又碰到強盜，他想起哥哥的告誡，所以奮力和強盜爭奪，但還是打不過他們，東西又被搶走，但他仍不甘心，又追上去苦苦要求強盜把財物還給他。

強盜非常生氣的說：

「我們留下你的命不殺你已經對你夠好了，你却不自量力，窮追不捨，存心要使我們行跡敗露不成？告訴你，我們既然當了強盜，就無所謂仁慈不仁慈了。」

終於把燕人的弟弟殺了，順便把和他弟弟同往的四五個人一起殺掉。

19. 驕者之敗不以一途

梁國有個富豪虞氏，銀錢萬貫，貨財無數，常在華厦中設宴陳酒，登樓高歌，逸樂豪奢。

有一天，一羣俠客經他的宅第門前，樓上虞氏等人正在玩升官圖㊀，因爲擲骰子出現雙魚目，衆人都興奮得高聲喧嘩，恰好天上一隻飛鳶正飛過樓房上空，爲喧囂聲所驚，而把口中銜著的腐鼠掉了下來，正好打中俠客，俠客沒有看清實情，就很憤怒的告訴他的同黨說：

「虞氏過的日子富有安樂，奢侈華靡，所以仗著這些財勢，常常瞧不起別人，我們尚且沒有冒犯他，他卻扔死爛的老鼠來侮辱我，這個仇怨如果不報復，我怎麼稱得上是一個武勇的俠客呢？你們幫我一起把虞氏滅掉。」

俠客同黨都沒有異議，於是就在那天晚上，聚集了羣衆，帶著兵器，把虞氏全家滅掉了。

附註

㈠ 升官圖遊戲以繪有十二道線的盤子爲陣地，兩軍對陣中央，命名爲水，水上放置兩條魚，如果骰子擲出的數目黑白各六，就可以取魚，一旦出現雙魚目就是大勝。

20. 不食盜食

在東方某國有個叫爰旌目的人，因走遠路而在半途餓倒了。正好給狐父（地名）的名偷丘氏看見，立刻去救他，拿了一壺湯食餵他。爰旌目吃了三口以後，才能夠勉強睜眼看人，睜開眼立刻問說：

「你是什麼人？」

強盜回答說：「我是狐父地方丘氏。」

爰旌目聽了又驚又怕的說：

「啊！那麼你就是這一帶有名的大盜丘氏了，你爲什麼拿東西給我吃？我不是沒有德的人，決不吃你這強盜的食物。」

於是兩手趴在地上，費盡了力量想把吃下去的東西吐出來，但怎麼用力也吐不出來，咳了大半天，終於斷了氣伏在地上死了。

這樣看來，狐父的丘氏雖然是強盜，但是他的食物並不是搶來的，爰旌目因爲持有食物的人是強盜，連帶把食物也當成強盜，這豈不是分不清「名」和「實」的愚蠢的人嗎？

21 爲不知己者死

柱厲叔仕莒敖公，但莒敖公並不重用他，所以他就跑到海上隱居起來。夏天吃菱芰，冬天吃橡栗來維持生活。

不久，杜厲叔聽說莒敖公有難，就辭別了他的朋友要去爲莒敖公死難。

他的朋友覺得很奇怪，就問他說：

「你本來因爲莒敖公不瞭解你所以離開他，而現在你却要爲他而死，那不是變成不能辨別『知』或『不知』了嗎？」

杜厲叔說：

「不能這樣說，我離開他是我自己認爲他不知我，如今，我去爲他而死，更可以證明他真的不知我了，而且，我要用我的死使後世人主因他不瞭解他的臣子而蒙羞。」

大凡人都願意爲知己而死，如果對方不知己，就不願爲他犧牲，這是很正直又很自然的反應。而杜厲公的作法可以說是因爲怨恨對方不知己，而忘了自己生命。

前人說：「士爲知己者死，女爲悅己者容」，杜厲公的爲「不知己」而死，倒是給那些「不知人」的人主當頭棒喝！

22 多歧亡羊

楊朱說：

「能予人恩惠，自能得到回報，如果以怨怒對人，自然也會惹來災禍，凡事在這裡發生，就會在那裡得到反應，這些因果全靠人我的實情在左右，所以賢德的人，對他所說的話，所做的事，都非常謹愼。」

有一次楊朱的鄰人走失一頭羊，便出動全家人去尋找，並且請楊朱的家童一起去幫忙尋找。

楊朱看到了，就很不以爲然的說：

「爲什麼走失一隻羊要動用那麼多人去追呢？」

鄰人說：「因爲羊走失的地方岔路太多。」

一會兒，找羊的人回來了，於是楊朱又問：

「羊找到了沒有？」

鄰人說：

「沒有找到。」

楊朱又問：「爲什麼找不到呢？」

鄰人說：「因爲歧路之中又有歧路，我不知道羊跑在那條路上，無法追尋，所以找不到。」

楊朱聽了臉色都變了，停了很長時間一句話都不說，一整天都不笑。他的弟子覺得很困惑，便問道：

「羊只是很低賤的家畜，而且又不是老師所有，現在走失了一隻，老師就傷心苦悶，不言不語，是什麼原因呢？」

楊朱沒有回答，弟子更爲困惑。因此弟子孟孫陽憋不住了，就到心都子家裡，告訴他這件事。

後來心都子陪孟孫陽前去見楊朱，對他說：

「從前有三個兄弟，一起到齊魯的地方拜師求學，學得仁義以後，就整裝回國。但是回去以後，父親問他們：『仁義之道是怎麼樣？』長男回答說：『仁義之道是使我愛身然後成名。』次男答說：『仁義之道可以使我殺身以成名。』三男說：『仁愛之道使我明哲保生。』他們同時受教於相同的儒者却得到三種不同的結果，究竟是那一種對，那一種錯呢？」

楊子答道：

「有一個人生長在河邊，熟習水性，精通泳技，撐船擺渡爲生，所得可以養百口之家。許多人知道以後，都帶著糧食來向他學泳術，但是有半數的人不幸在學習途中溺死。當然，他們本來是來學泳術，不是學溺死的。學成了可以收入百倍，學不成，性命也沒有了，其間利害差別有如天壤，你認爲哪一種對，那一種錯呢？」

心都子聽了，點點頭，默默的走了。孟孫陽大惑不解，便追上去問道：

「究竟是怎麼回事，你的問題拐彎抹角，而老師的回答也是模稜兩可，我真是越聽越糊塗了。」

心都子說：

「大道因爲多歧路，所以羊走失了，爲學過分用心，也會喪命。凡是學問，根本道理都是相同的，但是到了末端就有許多的分歧，唯有回歸到最初根源，才能免除那些錯誤，你在老師門下求學那麼久了，怎麼連老師的比喩都不瞭解呢？真可悲哦！」

大道以多歧亡羊，求學豈可捨本而逐末，知此本末則須謹愼行之。

23 楊布打狗

有一天，楊朱的弟弟楊布，穿白色衣服外出，回家時適逢天下雨，便將白衣脫下，換穿黑色衣服，走進家門，家裡的狗認不出他是楊布，對他吠個不停，楊布大怒，要拿棍子打狗，楊朱勸止他說：

「不要打他，你也是這樣，假如現在這隻狗也是白的出去，黑的回來，你不是同樣也會感到奇怪嗎？」

24　知行分立

從前有一個人，自稱懂得不死之術，燕王爲求長生，便派一使臣，前往學習這種不死之術。使臣動作太慢，隔了一段時間才趕到那裡，不料那個會不死術的人，卻先死了。

燕王知道以後，大爲震怒，想要把這個使者殺掉，但他身邊的一個寵臣說：

「人所憂慮的事莫過於死亡，人最寶貴的莫過於生命，現在自稱懂得不死術的人連自己生命都保不住，又怎能使大王不死呢？」

燕王覺得有理，便赦免了使臣的死罪。

另外又有一個叫齊子的人，也想學這種不死術，可是當他聽說那個會不死術的人死了的消息，便搥胸頓足，百般悔恨自己喪失良機。

富子聽到這件事就笑著說：

「他想學的就是不死之術，但連會不死之術的人都會死，那又有什麼值得學的呢？他真是連學習的目的是什麼都沒弄清楚。」

胡子聽了富子的話，却大不以爲然地說：

「富子的話錯了，世上有些人，知道某種秘術，但自己却不一定能運用。有的人已經做了，但不知道什麼是秘訣就傳給他的兒子，但他的兒子知道秘訣，却不知如何運用。但後來別人向他請教而得知這個秘訣之後，却能像他父親一樣運用自如，由此可以證明死去的人不一定不知道不死的秘術啊！」

「知」是「行」之始，「行」者「知」之成，兩者同時運用，就是「知行合一」，但以此不死之術所論則有「能知不能行」或「行而無所知」的分別了。至於是「知易行難」還是「知難行易」，在不同的事例中又有不同的詮釋，我們不可固執不通。

25 恩過相補

邯鄲的人民，每逢元旦就獻上鳩鳥給趙簡子，簡子非常高興，就重重的賞他們。有一個賓客看到這種情形，就問他爲什麼這樣做。簡子說：

「元旦是放生的好日子，人民送來鳩鳥正好放生，賞他們會送來更多，正表示我的仁德澤及禽獸啊！」

賓客說：

「人民知道你要放生鳩鳥，因而爭相捕鳩，但在捕捉時難免會有很多被打死的，如果真有心讓鳩得生，不如禁止人民捕鳥，不是更好嗎？如今捕了才放生，恩過不能相補，又何苦如此呢？」

簡子說：

「說來有理，就這麼辦！」

26 弱肉強食

齊國的田氏，在庭園中爲人餞行，食客上千人，宴會中，有人送魚雁給他，田氏看了看，不勝感慨的歎道：

「上天對待萬民真是恩厚，繁殖五穀，生養魚鳥，來供人們食用。」

這時賓客們都異口同聲的附和他。但鮑氏有一個兒子，才十二歲，聽了却大不以爲然地說：

「這話說得不對！天地萬物，和我們並存在這個世界，只是類別不同，並無貴賤之分。只是因爲形體大小，智慧高低，力量有無，彼此弱肉強食罷了，絕不是某種生物爲某種生物而生。人類智慧高，將所有可以吃的都拿來吃，怎能說是上天爲人類所準備的呢？照你這麼說，蚊子吸人血，虎狼吃人肉，也是上天爲了蚊子而創造人類供他食用嗎？爲了虎狼而創造人類供他食用嗎？」

27 都是自己想的

齊國有個窮人，天天在街坊鄰舍間行乞，久了以後，街坊的人都對他非常厭煩，都不願給他食物。乞丐走投無路，只好到田氏家的馬廐，請求馬醫准許他在那裡打雜，換取食物充饑。街坊的人都笑他說：

「跟隨馬醫打雜討食物，不是很可恥嗎？」

乞丐聽了這些話，就同答說：

「世上各行各業裡面，行乞是最可恥的，我連當乞丐都不以爲可恥，那麼替馬醫打雜換取食物，還有什麼可恥呢？」

可恥不可恥都是自己想的。

宋國有一個人，在路上閒逛，每看到別人丢棄的字據契卷就撿回家裡珍藏起來，並偷偷的計算所記載的金額數量，然後向鄰人誇耀說：

「再不久我就是個大富翁了。」

有錢沒錢都是自己想的。

有一個人家，庭院中有一棵枯萎的梧桐樹，他的鄰居勸他把那棵梧桐砍掉，因爲家有梧桐是不吉祥的。沒想到，梧桐剛砍倒，鄰人就向他要求將枯樹劈成柴木用來燒火，因此非常不高興的說：

「鄰家的人其實是爲了要柴燒，所以才說梧桐不吉祥，敎我砍掉，大家都是鄰居，竟然如此陰險，實在太過份了。」

陰險不陰險都是自己想的。

有一個人遺失了一把斧頭，懷疑被鄰居的孩子偷去，便暗中觀察他的行動，總覺得他的行動、神態、言談都像是偷了斧頭的人。

過了幾天，他在家後山谷中掘地，却找到了遺失的斧頭，從此以後，他再去看鄰居的孩子，怎麼看也不像是會偷斧頭的人。

像賊不像賊都是自己想的。

楚人白勝公爲了報父仇，一心想謀反㈠。

有一天，朝罷同來途中，因心神不安，竟然倒持手杖都不自覺，結果被手杖的尖鋒刺穿了下巴，鮮血流到地上了他都毫不知覺。有個鄭國人聽了這件事，便說：

「一個人連下巴的傷痛都忘了，還有什麼不能忘的呢？」（表示其報父仇之決心堅定，犧牲自己在所不惜。）

一個人專注某一件事，即使在路上碰到陷井跌了進去，或頭碰到所釘的木樁而受傷，一點感覺都沒有，這完全是專注而忘我啊！

以前齊國有一個人想錢想瘋了，所以在大清早就穿戴整齊，跑到賣金的銀樓（錢莊），抓了一把金子就跑，不幸被衙門的人逮著了，人家問他：

「光天化日衆目睽睽，你怎麼敢公然搶金子呢？」

這個人回答說：

「我在搶金子的時候，只看見閃閃發亮的金子，哪裡還看得到人呢？」

專注某件事，就忘了其他的事，這是專誠的有心人，但是不能同時顧及周圍環境，那也是非常危殆的事。

一切事情的作爲，心中的念頭，都是自己想的，要破除煩惱就要想得開。

附　註

㈠ 史記楚世家記載：「初白公父建亡在鄭，鄭殺之，白公亡走吳，子西復召之，故以此怨鄭，欲伐之，子西許而未發兵。」這裡所說就是這件事，事在楚惠王二年。

結語

道德經（老子）、南華經（莊子）、冲虛經（列子）在唐天寶元年被尊爲道家三部要典。其中道德經以言簡意深，論述精闢被推崇爲道家第一書，歷代注疏學者不計其數，所以老子書早爲不刊之說。而南華經也以文字跳脫，譬喻不凡，爲士林所推重，所以奇書，才子書之譽，所在皆有。唯獨列子一書，因爲屬辭引類都與莊子相似，且內容多爲莊子所包容，學者往往只研讀莊子而忽略列子書。加以司馬遷寫史記沒有替列子立傳，後人認爲本無其人，乃方家所虛構。因此，列子這本書一直不受重視，幸虧東晉張湛蒐羅整理，替它作注，才得以保存。

然而，撇開列子其人真否？列子這本書是否列子所作？我們單從今存八篇內容而論，沒有一篇不是神來之思，只要細細咀嚼，遊思於字裡行間，無不令人興奮拊掌，無不令人會心而笑。因爲它把本真的人性刻劃得那麼深入細膩，就好像你我赤裸裸的躺在平檯上，被人一層層的解剖似的。而書中所舉的事例，也正是我們平日想做，但在禮法的約束下不敢做的行爲。

尤其楊朱一篇，除了可與楊朱「爲我」主義相參照，有其學術價值外，又充份代表魏晉間個人主義的浪漫情懷。文中很真實的記載了那個社會反禮教，反傳統的風氣，很真切的把人性抖露出來，以極端快樂的現實主義去展示個人的本我生活才是真正的人。這在諸子思想中，可謂獨樹一幟，是學術思想上的奇葩。

其餘七篇所論都是道家「與時推移，應物變化，立俗施事無所不移，指約而易操，事少理而功多」的道理。（司馬談語）正如張湛在序文中所說：「其書大略明群有以至虛爲宗，萬品以終滅爲驗，神志以凝寂常全，想念以著物自喪，生覺與化夢等情，巨細不限一域，窮達無假智力，治身貴於肆任，順性則所之皆適，水火可蹈，忘懷則無幽不照。」是思想綿遠，立論高超的特出作品。

以下就以談道、談順、談幻、談心、談神、談命、談逸、談變八個部份來替全書做個總結，也藉著這八個主題和八篇內容相參照，當作賞析本書的要訣。

第一談道（天瑞篇）。

莊子談道時說：「道無所不在。道在螻蟻，在稊稗，在瓦甓，在屎溺。」（知北遊），強調道是天地萬物所以生的原理，有物就有道，所以道「無所不在」，它表現於萬物之中就能夠使萬物自生自長，自毀自滅。

而老子論宇宙生成的順序時也說：「道生一，一生二，二生三，三生萬物。」（第四十二章），於是道又成了萬有的原理，是天地萬物所由生。

列子在第一卷天瑞篇中就提出「道」的意義，他認爲天地的生成「有太易，有太初，有太始，有太素」。這是說在渾沌形成之前，天地是凝寂無所見的太虛幻境，叫做「太易」；等到渾沌初成的時候，陰陽不分，天地一團氣籠罩著，叫做「太初」；到了「太始」時，就陰陽有別，品物流行，那時形象淸楚，品類不雜，是萬物形象的開始。最後進入「太素」時，天地萬物各依其形類而有其性質了。

有了形類性質，就有生命，有生命，就有宇宙的形形色色。這形形色色的生命，必有其生存所需的條件，互相關連而不能獨立自主，依循著自然的天道去生滅，所以芸芸衆生有一貫的生存之道，無論大同或小異都不能違背自然，這就是道。

人類亦然，必須秉持自然智能，在萬化中把持原則，才能「自生自化，自形自色，自智自力，自消自息。」，從生到死，依循成長規律而有嬰孩，少壯，老耋，死亡的變化。這種形態的變化，是遵循著「道」而轉形的，所以列子又說：「萬物皆出於機，皆入於機」，那麼死如歸人，生是行人，死是休息，生是傜役。

能夠如此自能生死達觀，動靜如一，有無相生而未嘗生未嘗死。遵循這個方向去看天瑞篇就可以明瞭道家「天地與我共生，萬物與我合一」的真義了。

第二談順（黃帝篇）。

俗語說：「圓滑天下去得，剛強半步難移。」又說：「剛則折」，這裡所說的圓滑就是「順」，萬事萬物都是如此，尤其在奢慾橫流的社會裡，懂得逆來順受的人才不會被毀滅，被淘汰，所以老子說：「天下柔弱莫過於水，而攻堅者莫之能勝。」處在兵連禍結的時代，小國不能自保，大國又爭霸不肯相下，如果用武力競爭，只有使爭執更烈，永無休止，必須以消極的軟工夫，才可以抵抗強暴，如狂風吹不斷柳絲，齒落而舌存，又如滴水穿石，木強則折，都是「順」的處世哲學。

列子黃帝篇，一開始就敘述黃帝遊華胥國，看到的是一片順性和樂，沒有生死，沒有憂喜，所以可以入水不溺蹈火不熱，甚而可以憑虛御風飄飄若仙。譬如商丘開的不死之術，就是順性誠心，不將不迎，水火不入，所以別人以爲他有道術。但這些道術，說穿了只是順自然以盡命而已。也就是要「通物化」「一死生」，物我齊一，生死如一，便沒有憂懼，沒有得失，人獸如一，順理天成，所以走遍天下都能左右逢源。

第三談幻（周穆王篇）。

周穆王篇所談的都是太虛幻夢，把活生生的現實看成夢幻泡影，似真似幻。首先以周穆王神遊點出全篇主題，如化外之人可以入水火，穿金石，好像進入無人之境一般，而過山川，經城鎮也如履平地，甚至憑空而行不會墜地，穿牆而過毫無阻礙。然而這種神奇幻術，都是我們的潛能，一般人之所以不能飛行，不能穿牆，是因爲潛能被矇蔽了，所以老成子學幻，經過三個月深思冥索以後，復歸本真，竟能存亡自在，翻倒四時，又能使多天打雷，夏天結冰，使地上走的變成天上飛，天上飛的變成地上走。

其次又以八徵六候來解釋清醒時和做夢時都是虛幻，所謂日有所思，夜有所夢，何必強求哪一個是真，哪一個是夢。

最後還舉了若干有趣的事例替「夢幻」做注解。一個是「苦樂真相」，描寫尹氏白天爲縣尹，欺壓老僕，晚上做夢爲僕役，被人吆喝，而老僕役白天爲奴僕，百般辛勞，晚上卻夢爲國君，快樂恣肆，一夢一覺，正好相抵消。另一個事例是「真耶?夢耶?」，描寫鄭國樵夫得鹿，忘鹿，夢鹿，得鹿的種種情景，把真夢與假夢穿插得精彩絕倫。其他如「華子健忘」「逢氏迷惘」更把人世的虛幻刻劃得淋漓盡緻，這正如天才就是瘋子一般，把人世悲哀說得那麼深沈。

所以，人世一遭都是虛幻的，快樂悲哀都是自己情緒的轉化，那又何必太勉強自己呢?

第四談心（仲尼篇）。

聖人之所以爲聖，在於能夠跳開世俗的看法，而走入更深一層的境界去看爭奪的人間世。仲尼篇所記，雖不見得是孔子的話，但那些清空的言語，是道家的聖言當沒有問題。

全篇雖嫌雜亂，但都離不了一個「心」字，強調心裡的想法可以概括一切，只要心中真誠，其他身體四肢，耳目口鼻都無所謂。首先舉出亢倉子以耳視，以目聽的心法，點出用「心」去觀玩的另種境界，結果一切人事都可以歸於心境。而所謂聖人也不知道在哪裡了，或許只是一個不多說話，自能守信，不勉強作爲，却事事順遂，心胸舒坦，使百姓無法稱說他的人吧！

另外，又舉出木頭人南郭子的怪異行爲，可以說達到內斂很高的「全心」之人，他與人的交往，重在心靈的契合，而不用言語來詮釋，真是個「無聲勝有聲」，也與莊子的「大辯不言」相吻合。那麼，一切是非對錯，有情無情都要靠自己誠心去體會才是真切的。

這種「心靈」的幻化，常常也是有層次的，所以又舉出列子修心的事例，說他潛心向學，三年後心中不敢想是非，而五年後又回復到心常念是非的境地，七年以後更能順從內心意念而無所謂是非。這和禪家的「看山是山，看水是水。」後來「看山不是山，看水不是水」最後又回復到「看山是山，看水是水」一樣。

對生命的觀賞，應該不動聲色的用心靈去賞玩，才能「山窮水盡疑無路，柳暗花明又一村。」

第五談神（湯問篇）。

湯問篇所說的都是一些「神奇」的事，而神與奇之中似乎又著重在不著痕跡的神術，所以用「談神」來包括這一篇。

殷湯問夏革關於生物的生成問題，天地有無邊際問題，物有大小、長短、同異的分別問題。夏革都一一予以回答，其中奇異現象很多。包括天柱被共工氏撞斷，歸墟住有長生不老的人，僬僥國人民高一尺五寸，諍人身高九寸，冥靈龜一春五百年，一秋五百年，而糞壤菌類朝生而暮死，溟海鯤魚身長數千尺，江浦焦螟細不可見……。

說完奇異世界的種種現象以後，接著又以「愚公移山」「夸父逐日」來說明人心的妄誕，以及烏托邦的終北國，奇風異俗的越楚民風。

最後以一些奇技神人來替這個奇異世界做注脚，本篇一共舉了「詹何釣魚」「扁鵲換心」「師文學琴」「韓娥善歌」「伯牙鼓琴」「偃師造人」「飛衞學射」「泰豆心法」「來丹報仇」等九則故事來說明人爲的機巧，不是我們可以想像得到的。然而，不論其如何神奇，也都逃不出天地生滅，何況強有強中手，奇有奇中奇，大可不用羨慕他人的奇異，珍視自己所擁有的，就可以見怪不怪，萬化齊一了。

另外值得一提的是本篇的一些神技描寫，可以稱得上志異小說的上乘作品，情節的構想和文字的運用都非常神妙，常令人擲筆三歎，姑不論他表現的思想合不合理，所描述的事情合不合情，真不真實？單就情節的安排，故事的體裁就足以令人耳目一新。

第六談命（力命篇）。

一般人論命，有所謂定命論或宿命論的說法。如古時說乞丐命，天子命等等，都是相信天命所主，人力不能挽回。因此，陰陽家就以星象，生辰，手紋，面貌等特徵來推測人的命運，認爲命運是先天注定不能變更的。這種看法雖早經墨子（非命）與荀子（非相）的極力駁斥，但人們對不可知的未來，總喜存著幻想，尤其漢以後陰陽之說大行其道，所以命運之說仍爲人所關切。

但是列子力命篇所論的命並不一樣。他的命定論認爲命是「自壽自夭，自窮自達，自貴自賤，自富自貧」的，一切都是天然所造成，是勢所必然的，非人力所能左右的。所以在全篇末端說：「農赴時，商趣利，工追術，仕逐勢，勢使然也。然農有水旱，商有得失，工有成敗，仕有遇否，命使然也。」

既然命運不是人力所能改移，就應順天理識時務，不強於所求，才不會戕害生命。如果拿來說明人事，就是指人事的成敗，完全在於機運，與個人才能無涉。有人能力傑出，却生不逢時，結果有志不伸，與常人無異。相反的，有人生來平庸，却因機緣巧合，竟然飛黃騰達起來，這都是「時勢造英雄」而不是「英雄造時勢」。

明白了列子的論點，再看看力命篇所舉的事例，無一不是如此的。首先「東郭論命」中認爲一個人的順利通達或窮困卑賤完全由於命運的好壞，與他的才德高低無關。其次「管鮑之交」指出管仲將死，推薦隰朋，而不推薦有恩於他的鮑叔，完全是時勢使然，並不是管仲對鮑叔刻薄，而對隰朋恩厚，其他如「神醫替季梁看病」，得到的結論是：「人的生命自生、自死、自厚、自薄非醫藥所能挽回。」想通了這些道理，再去看齊景公的牛山之哭，真個是貪生怕死的好笑行爲。

第七談逸（楊朱篇）。

列子楊朱篇是古籍中記載有關楊朱思想最完備的一篇，所以有人認爲列子一書，其實包括列子楊朱兩書，價值彌足珍貴。

古書中對楊朱思想的記載，有孟子上所說：「楊子取爲我，拔一毛而利天下不爲也。」（盡心上）及「楊氏爲我，是無君也。」（滕文公下）另外呂氏春秋說：「楊生貴己。」（審分覽不二篇），從這些記載，只能知道楊朱學說是「爲我」「貴己」，其他詳細內容就不得而知了。而孟子曾說：「楊朱墨翟之言盈天下，天下之言不歸楊則歸墨。」（滕文公下），可見楊朱學說當時極爲盛行，如果只有孟子呂覽所記，根本看不出完整的楊朱學說。

現在我們根據列子楊朱篇所記，就更能體會楊朱的爲我貴己，應當是「且趨當生，奚遑死後」的「現實快樂主義」。這種思想在歷史上表現最澈底的是魏晋的清談人物，如竹林七賢的任誕放逸，是最具體的代表。所以有人說列子一書是東晋人所僞輯的，若以楊朱篇看來，是非常有力的說法，加以注列子的張湛也正處於那種環境，自然對此書有更深的感受了。

瞭解這些關係，再看看全篇的內容。首先楊朱提出「實無名，名無實」的說法，勸人不要斤斤計較名位，應該過真實的快樂生活。接著指出「生暫來，死暫往」不要因生死而悲喜不安，而生死智愚貴賤最後都歸於一死，所以要「且趨當生，奚遑死後」。

其次又有所謂「淸眞誤人」「生恣肆，死順遇」的看法，主張一個人活著要爲自己現實的快樂做打算，不要爲了博取淸眞的好名聲而弄得失去了自己。最高潮的地方是以子產兄弟朝暮的縱樂酒色，頹靡荒逸，把禮俗一掃而光。高潮之後，又舉端木叔的盡情適性才是個通達的人，所以楊朱主張「拔一毛以利天下而不爲」，只要人人各得其所，各適其性，而不爲「壽名位貨」所擾。所以這裡歸納楊朱全篇主旨爲放逸自適，名之曰「逸」。

第八談變（說符篇）。

中國人心目中的宇宙是輪流週轉，往復不已的，所以易經所象徵宇宙的消息、盈虛、往來、屈伸、剝復、損益各種關係都是循環有規律的。

但這大循環中却有無數的變數，不是我們所能逆料的，所以老子說：「有無相生，難明相成，長短相形，高下相傾，聲音相和，前後相隨。」（第二章），人事無常的變化中，很多因素不是從天地大循環考慮得到的，如果不能抓住時機，往往事與願違，而這些時機也不是事先可以料定的，因此只有放開心胸，不爲外在的變數所困，才能衝破難關，追求適性的生命。

說符篇所表達的思想雖然很不一致，但大部份以這種不可逆料的機變爲主，如宋人養的黑母牛生小白牛後，他就無緣無故瞎了眼睛，後來宋國戰亂，他却因眼瞎而不必充軍，保全了性命，這正是「禍兮福所倚，福兮禍所伏」（老子第五十八章）的道理。又如牛缺遇盜，財物被搶，表現出無所謂的樣子，結果被強盜殺了，而燕人遇盜，財物被奪，心有不甘，強爭到底，結果也被殺了，這些禍福都是變數，任何人都不能預料，所以「得時者昌，失時者亡」「理無常是，事無常非」。

另外說符篇中也有與時變無關的，如「學道者爲富」「忠信可以渡大河」……等，可能是後來羼入，與全篇思想有所不同。

以上談道，談順，談幻，談心，談神，談命，談逸，談變八個主題，綜合起來，列子的思想仍然是「順自然之道，冲虛而無爲」，與老莊同出一轍，而列子講的是「虛」，莊子講的是「天」，老子講的是「道」，「虛」「天」「道」三者都是順乎自然，自生自化，以生生化化爲宇宙本體，所以漢書藝文志以老莊列三人的著述同列道家。

最後說明本書是採用宋刻本，清黃丕烈所校，光緒甲申借鐵琴銅劍樓宋刊本摹，廣文書局影印，四十九年二月初版，六十年十月再版本。

附錄 原典精選

天瑞第一

（一）子列子居鄭圃，四十年人無識者。國君卿大夫眎之，猶眾庶也。國不足，將嫁於衞。弟子曰：「先生往無期，弟子敢有所謁；先生將何以教？先生不聞壺丘子林之言乎？」子列子笑曰：「壺子何言哉？雖然，夫子嘗語伯昏瞀人。吾側聞之，試以告女。其言曰；有生不生，有化不化。不生者能生生，不化者能化化。生者不能不生；化者不能不化。故常生常化。常生常化者，無時不生，無時不化。陰陽爾，四時爾，不生者疑獨，不化者往復。往復，其際不可終；疑獨，其道不可窮。黃帝書曰：『谷神不死，是謂玄牝。玄牝之門，是謂天地之根。綿綿若存，用之不勤。』故生物者不生，化物者不化。自生自化，自形自色，自智自力，自消自息。謂之生化形色智力消息者，非也。」

（二）子列子曰：「昔者聖人因陰陽以統天地。夫有形者於無形，則天地安從生？故曰：有太易，有太初，有太始，有太素。太易者，未見氣也；太初者，氣之始也；太始者，形之始也；太素者，質之始也。氣形質具而未相離，故曰渾淪。渾淪者，言萬物相渾淪而未相離也。視之不見，聽之不聞，循之不得，故曰易也。易無形埒，易變而爲一，一變而爲七，七變而爲九，九變者，究也；乃復變而爲一。一者，形變之始也。淸輕者上爲天，濁重者下爲地，沖和氣者爲人；故天地含精，萬物化生。」

（三）子列子曰：「天地無全功，聖人無全能，萬物無全用。故天職生覆，地職形載，聖職敎化，物職所宜。然則天有所短，地有所長，聖有所否，物有所通。何則？生覆者不能形載，形載者不能敎化，敎化者不能違所宜，宜定者不出所位，故天地之道，非陰則陽；聖人之敎，非仁則義；萬物之宜，非柔則剛；此皆隨所宜而不能出所位者也。故有生者，有生生者；有形者，有形形者；有聲者，有聲聲者；有色者，有色色者；有味者，有味味者。生之所生者死矣，而生生者未嘗終；形之所形者實矣，而形形者未嘗有；聲之所聲者聞矣，而聲聲者未嘗發；色之所色者彰矣，而色色者未嘗顯；味之所味者嘗矣，而味味者未嘗呈：皆無爲之職也。能陰能陽，能柔能剛，能短能長，能員能方，能生能死，能暑能涼，能浮能沈，能宮能商，能出能沒，能玄能黃，能甘能苦，能羶能香。無知也，無能也，而無不知也，而無不能也。」

（四）子列子適衛，食於道，從者見百歲髑髏，攓蓬而指，顧謂弟子百豐曰：「唯予與彼知而未嘗生未嘗死也。此過養乎？此過歡乎？

（五）種有幾：若鼃爲鶉，得水爲㡭，得水土之際，則爲鼃蠙之衣；生於陵屯，則爲陵舄。陵舄得鬱栖，則爲烏足。烏足之根爲蠐螬，其葉爲胡蝶。胡蝶胥也，化而爲蟲，生竈下，其狀若脫，其名曰鴝掇。鴝掇千日，化而爲鳥，其名曰乾餘骨。乾餘骨之沫爲斯彌。斯彌爲食醯頤輅，食醯頤輅生乎食醯黃軦，食醯黃軦生乎九猷。九猷生乎瞀芮，瞀芮生乎腐蠸。羊肝化爲地皋，馬血之爲轉鄰也；人血之爲野火也。鷂之爲鸇，鸇之爲布穀；布穀久復爲鷂也，鷰之爲蛤也。田鼠之爲鶉也。朽瓜之爲魚也。老韭之爲莧也。老羭之爲猨也。魚卵之爲蟲，亶爰之獸自孕而生曰類。河澤之鳥視而生曰鶂。純雌其名大署，純雄其名稺蜂。思士不妻而感，思女不夫而孕。后稷生乎巨跡，伊尹生乎空桑。厥昭生乎濕；醯雞生乎酒。羊奚比乎不筍，久竹生青寧，青寧生程，程生馬，馬生人，人久入於機。萬物皆出於機，皆入於機。

（六）黃帝書曰：「形動不生形而生影，聲動不生聲而生響，無動不生無而生有。形必終者也；天地終乎？與我偕終。終進乎？不知也。道終乎本無始，進乎本不久。有生則復於不生，有形則復於無形。不生者，非本不生者也；無形者，非本無形者也。生者，理之必終者也。終者不得不終，亦如生者之不得不生。而欲恆其生，畫其終，惑於數也。精神者，天之分；骨骸者，地之分。屬天清而散，屬地濁而聚。精神離形，各歸其眞；故謂之鬼。鬼，歸也，歸其眞宅。黃帝曰：『精神入其門，骨骸反其根，我尙何存？』」

（七）人自生至終，大化有四：嬰孩也，少壯也，老耄也，死亡也。其在嬰孩，氣專志一，和之至也；物不傷焉，德莫加焉。其在少壯，則血氣飄溢，欲慮充起；物所攻焉，德故衰焉。其在老耄，則欲慮柔焉；體將休焉，物莫先焉。雖未及嬰孩之全，方於少壯，間矣。其在死亡也，則之於息焉，反其極矣。

（八）孔子遊於太山，見榮啓期行乎郕之野，鹿裘帶索，鼓琴而歌。孔子問曰：「先生所以樂，何也？」對曰：「吾樂甚多：天生萬物，唯人爲貴。而吾得爲人，是一樂也。男女之別，男尊女卑，故以男爲貴。吾既得爲男矣，是二樂也。人生有不見日月不免襁褓者，吾既已行年九十矣，是三樂也。貧者士之常也，死者人之終也，處常得終，當何憂哉？」孔子曰：「善乎！能自寬者也。」

（九）林類年且百歲，底春被裘，拾遺穗於故畦，並歌並進。孔子適衞，望之於野。顧謂弟子曰：「彼叟可與言者，試往訊之！」子貢請行。逆之壠端，面之而歎曰：「先生曾不悔乎，而行歌拾穗？」林類行不留，歌不輟。子貢叩之不已，乃仰而應曰：「吾何悔邪？」子貢曰：「先生少不勤行，長不競時，老無妻子，死期將至；亦有何樂而拾穗行歌乎？」林類笑曰：「吾之所以爲樂，人皆有之，而反以爲憂。少不勤行，長不競時，故能壽若此。老無妻子，死期將至，故能樂若此。」子貢曰：「壽者人之情，死者人之惡。子以死爲樂，何也？」林類曰：「死之與生，一往一反。故死於是者，安知不生於彼？故吾知其不相若矣？吾又安知營營而求生非惑乎？亦又安知吾今之死不愈昔之生乎？」子貢聞之，不喻其意，還以告夫子。夫子曰：「吾知其可與言，果然。然彼得之而盡者也。」

（十）子貢倦於學，告仲尼曰：「願有所息。」仲尼曰：「生無所息。」子貢曰：「然則賜息無所乎？」仲尼曰：「有焉耳。望其壙，睪如也，宰如也，墳如也，鬲如也，則知所息矣。」子貢曰：「大哉死乎！君子息焉，小人伏焉。」仲尼曰：「賜！汝知之矣。人胥知生之樂，未知生之苦；知老之憊，未知老之佚；知死之惡，未知死之息也。晏子曰：『善哉，古之有死也！仁者息焉，不仁者伏焉。』死也者，德之徼也。古者謂死人爲歸人。夫言死人爲歸人，則生人爲行人矣。行而不知歸，失家者也。一人失家，一世非之；天下失家，莫知非焉。有人去鄉土，離六親，廢家業，遊於四方而不歸者，何人哉？世必謂之爲狂蕩之人矣。又有人鍾賢世，矜巧能，修名譽，誇張於世而不知已者，亦何人哉？世必以爲智謀之士。此二者，胥失者也。而世與一不與一，唯聖人知所與，知所去。」

（十一）或謂子列子曰：「子奚貴虛？」列子曰：「虛者無貴也。」子列子曰：「非其名也，莫如靜，莫如虛。靜也虛也，得其居矣；取也與也，失其所矣。事之破碣而後有舞仁義者，弗能復也。」

（十二）粥熊曰：「運轉亡已，天地密移，疇覺之哉？故物損於彼者盈於此，成於此者虧於彼。損盈成虧，隨世隨死。往來相接，間不可省，疇覺之哉？凡一氣不頓進，一形不頓虧；亦不覺其成，亦不覺其虧。亦如人自世至老，貌色智態，亡日不異；皮膚爪髮，隨世隨落，非嬰孩時有停而不易也。間不可覺，俟至後知。」

（十三）杞國有人憂天地崩墜，身亡所寄，廢寢食者；又有憂彼之所憂者，因往曉之，曰：「天積氣耳，亡處亡氣。若屈伸呼吸，終日在天中行止，奈何憂崩墜乎？」其人曰：「天果積氣，日月星宿，不當墜耶？」曉之者曰：「日月星宿，亦積氣中之有光耀者；只使墜，亦不能有所中傷。」其人曰：「奈地壞何？」曉者曰：「地積塊耳，充塞四虛，亡處亡塊。若躇步跐蹈，終日在地上行止，奈何憂其壞？」其人舍然大喜，曉之者亦舍然大喜。長廬子聞而笑之曰：「虹蜺也，雲霧也，風雨也，四時也，此積氣之成乎天者也。山岳也，河海也，金石也，火木也，此積形之成乎地者也。知積氣也，知積塊也，奚謂不壞？夫天地，空中之一細物，有中之最巨者。難終難窮，此固然矣；難測難識，此固然矣。憂其壞者，誠爲大遠；言其不壞者，亦爲未是。天地不得不壞，則會歸於壞。遇其壞時，奚爲不憂哉？」子列子聞而笑曰：「言天地壞者亦謬，言天地不壞者亦謬。壞與不壞，吾所不能知也。雖然，彼一也，此一也。故生不知死，死不知生；來不知去，去不知來。壞與不壞，吾何容心哉？」

（十四）舜問乎烝曰：「道可得而有乎？」曰：「汝身非汝有也，汝何得有夫道？」舜曰：「吾身非吾有，孰有之哉？」曰：「是天地之委形也。生非汝有，是天地之委和也。性命非汝有，是天地之委順也。孫子非汝有，是天地之委蛻也。故行不知所往，處不知所持，食不知所以。天地強陽，氣也；又胡可得而有邪？」

（十五）齊之國氏大富，宋之向氏大貧；自宋之齊，請其術。國氏告之曰：「吾善爲盜，始吾爲盜也，一年而給，二年而足，三年大穰。自此以往，施及州閭」。向氏大喜。喻其爲盜之言，而不喻其爲盜之道，遂踰垣鑿室，手目所及，亡不探也。未及時，以贓獲罪，沒其先居之財。向氏以國氏之謬己也，往而怨之。國氏曰：「若爲盜若何？」向氏言其狀。國氏曰：「嘻！若失爲盜之道至此乎？今將告若矣。吾聞天有時，地有利。吾盜天地之時利，雲雨之滂潤，山澤之產育，以生吾禾，殖吾稼，築吾垣，建吾舍。陸盜禽獸，水盜魚鼈，亡非盜也。夫禾稼、土木、禽獸、魚鼈，皆天之所生，豈吾之所有？然吾盜天而亡殃。夫金玉珍寶，穀帛財貨，人之所聚，豈天之所與？若盜之而獲罪，孰怨哉？」向氏大惑，以爲國氏之重罔己也，過東郭先生問焉。東郭先生曰：「若非一身庸非盜乎？盜陰陽之和以成若生，載若形；況外物而非盜哉？誠然，天地萬物不相離也；仞而有之，皆惑也。國氏之盜，公道也，故亡殃；若之盜，私心也，故得罪。有公私者，亦盜也；亡公私者，亦盜也。公公私私，天地之德。知天地之德者，孰爲盜邪？孰爲不盜邪？」

仲尼第四

仲尼閒居，子貢入侍，而有憂色。子貢不敢問，出告顏回。顏回援琴而歌。孔子聞之，果召回入，問曰：「若奚獨樂？」回曰：「夫子奚獨憂？」孔子曰：「先言爾志。」曰：「吾昔聞之夫子曰：『樂天知命故不憂』，回所以樂也。」孔子愀然有閒曰：「有是言哉？汝之意失矣。此吾昔日之言爾，請以今言爲正也。汝徒知樂天知命之無憂，未知樂天知命有憂之大也。今告若其實修一身，任窮達，知去來之非我，亡變亂於心慮，爾之所謂樂天知命之無憂也。曩吾修詩書，正禮樂，將以治天下，遺來世；非但修一身，治魯國而已。而魯之君臣日失其序，仁義益衰，情性益薄。此道不行一國與當年，其如天下與來世矣？吾始知詩書禮樂無救於治亂，而未知所以革之之方。此樂天知命者之所憂。雖然，吾得之矣。夫樂而知者，非古人之所謂樂知也。無樂無知，是眞樂眞知；故無所不樂，無所不知，無所不憂，無所不爲。詩書禮樂，何棄之有？革之何爲？」顏回北面拜手曰：「回亦得之矣。」出告子貢。子貢茫然自失，歸家淫思七日，不寢不食，以至骨立。顏回重往喻之，乃反丘門，弦歌誦書，終身不輟。

（二）陳大夫聘魯，私見叔孫氏。叔孫氏曰：「吾國有聖人。」曰：「非孔丘邪？」曰：「是也。」「何以知其聖乎？」叔孫氏曰：「吾常聞之顏回曰，『孔丘能廢心而用形。』」陳大夫曰：「吾國亦有聖人，子弗知乎？」曰：「聖人孰謂？」曰：「老聃之弟子有亢倉子者，得聃之道，能以耳視而目聽。」魯侯聞之大驚，使上卿厚禮而致之。亢倉子應聘而至。魯侯卑辭請問之。亢倉子曰：「傳之者妄。我能視聽不用耳目，不能易耳目之用。」魯侯曰：「此增異矣。其道奈何？寡人終願聞之。」亢倉子曰：「我體合於心，心合於氣，氣合於神，神合於無。其有介然之有，唯然之音，雖遠在八荒之外，近在眉睫之內，來干我者，我必知之。乃不知是我七孔四支之所覺，心腹六藏之所知，其自知而已矣。」魯侯大悅。他日以告仲尼，仲尼笑而不答。

（三）商太宰見孔子曰：「丘聖者歟？」孔子曰：「聖則丘何敢，然則丘博學多識者也。」商太宰曰：「三王聖者歟？」孔子曰：「三王善任智勇者，聖則丘弗知。」曰：「五帝聖者歟？」孔子曰：「五帝善任仁義者，聖則丘弗知。」曰：「三皇聖者歟？」孔子曰：「三皇善任因時者，聖則丘弗知。」商太宰大駭，曰：「然則孰者爲聖？」孔子動容有間，曰：「西方之人有聖者焉，不治而不亂，不言而自信，不化而自行，蕩蕩乎民無能名焉。丘疑其爲聖。弗知眞爲聖歟？眞不聖歟？」商太宰嘿然心計曰：「孔丘欺我哉！」

(四) 子夏問孔子曰：「顏回之爲人奚若？」子曰：「回之仁賢於丘也」曰：「子貢之爲人奚若？」子曰：「賜之辯賢於丘也。」曰：「子路之爲人奚若？」子曰：「由之勇賢於丘也。」曰：「子張之爲人奚若？」子曰：「師之莊賢於丘也。」子夏避席而問曰：「然則四子者何爲事夫子？」曰：「居！吾語汝。夫回能仁而不能反，賜能辯而不能訥，由能勇而不能怯，師能莊而不能同。兼四子之有以易吾，吾弗許也。此其所以事吾而不貳也。」

(五) 子列子既師壺丘子林，友伯昏瞀人，乃居南郭。從之處者，日數而不及。雖然，子列子亦微焉。朝朝相與辯，無不聞。而與南郭子連牆二十年，不相謁請；相遇於道，目若不相見者。門之徒役以爲子列子與南郭子有敵不疑。有自楚來者，問子列子曰：「先生與南郭子奚敵？」子列子曰：「南郭子貌充心虛，耳無聞，目無見，口無言，心無知，形無惕。往將奚爲？雖然，試與汝偕往。」閱弟子四十人同行。見南郭子，果若欺魄嘗，而不可與接。顧視子列子，形神不相偶，而不可與羣。南郭子俄而指子列子之弟子末行者與言，衎衎然若專直而在雄者。子列子之徒駭之。反舍，咸有疑色。子列子曰：「得意者無言，進知者亦無言。用無言爲言亦言，無知爲知亦知。無言與不言，無知與不知，亦言亦知。亦無所不言，亦無所不知；亦無所言，亦無所知。如斯而已。汝奚妄駭哉？」

（六）子列子學也，三年之後，心不敢念是非，口不敢言利害，始得老商一眄而已。五年之後，心更念是非，口更言利害，老商始一解顏而笑。七年之後，從心之所念，更無是非；從口之所言，更無利害。夫子始一引吾並席而坐。九年之後，橫心之所念，橫口之所言，亦不知我之是非利害歟，亦不知彼之是非利害歟，外內進矣。而後眼如耳，耳如鼻，鼻如口，口無不同。心凝形釋，骨肉都融；不覺形之所倚，足之所履，心之所念，言之所藏。如斯而已。則理無所隱矣。

（七）初，子列子好游。壺丘子曰：「禦寇好游，游何所好？」列子曰：「游之樂所玩無故。人之游也，觀其所見；我之游也，觀其所變。游乎游乎！未有能辨其游者。」壺丘子曰：「禦寇之游固與人同歟，而曰固與人異歟？凡所見，亦恆見其變。玩彼物之無故，不知我亦無故。務外游，不知務內觀。外游者，求備於物；內觀者，取足於身。取足於身，游之至也；求備於物，游之不至也。」於是列子終身不出，自以爲不知游。壺丘子曰：「游其至乎！至游者，不知所適；至觀者，不知所眡。物物皆游矣，物物皆觀矣，是我之所謂游，是我之所謂觀也。故曰：游其至矣乎！游其至矣乎！」

（八）龍叔謂文摯曰：「子之術微矣。吾有疾，子能已乎？」文摯曰：「唯命所聽。然先言子所病之證。」龍叔曰：「吾鄉譽不以爲榮，國毀不以爲辱；得而不喜，失而弗憂；視生如死；視富如貧；視人如豕；視吾如人。處吾之家，如逆旅之舍；觀吾之鄉，如戎蠻之國；凡此衆疾，爵賞不能勸，刑罰不能威，盛衰利害不能易，哀樂不能移。固不可事國君，交親友，御妻子，制僕隸。此奚疾哉？奚方能已之乎？」文摯乃命龍叔背明而立，文摯自後向明而望之。既而曰：「嘻！吾見子之心矣，方寸之地虛矣。幾聖人也！子心六孔流通，一孔不達。今以聖智爲疾者，或由此乎！非吾淺術所能已也。」

（九）無所由而常生者，道也。由生而生，故雖終而不亡，常也。由生而亡，不幸也。有所由而常死者，亦道也。由死而死，故雖未終而自亡者，亦常也。由死而生，幸也。故無用而生謂之道，用道得終謂之常；有所用而死者亦謂之道，用道而得死者亦謂之常。季梁之死，楊朱望其門而歌；隨梧之死，楊朱撫其尸而哭。隸人之生，隸人之死，衆人且歌，衆人且哭。

（十）目將眇者，先睹秋毫；耳將聾者，先聞蚋飛；口將爽者，先辨淄澠；鼻將窒者，先覺焦朽；體將僵者，先亟犇佚；心將迷者，先識是非；故物不至者則不反。

（十一）鄭之圃澤多賢，東里多才。圃澤之役有伯豐子者，行過東里，遇鄧析。鄧析顧其徒而笑曰：「爲若舞，彼來者奚若？」其徒曰：「所願知也。」鄧析謂伯豐子曰：「汝知養養之義乎？受人養而不能自養者，犬豕之類也；養物而物爲我用者，人之力也。使汝之徒食而飽，衣而息，執政之功也。長幼羣聚而爲牢藉庖廚之物，奚異犬豕之類乎？」伯豐子不應。伯豐子之從者越次而進曰：「大夫不聞齊魯之多機乎？有善治土木者，有善治金革者，有善治聲樂者，有善治書數者，有善治軍旅者，有善治宗廟者，羣才備也。而無相位者，無能相使者。而位之者無知，使之者無能，而知之與能爲之使焉。執政者，迺吾之所使；子奚矜焉？」鄧析無以應，目其徒而退。

(十二) 公儀伯以力聞諸侯，堂谿公言之於周宣王，王備禮以聘之。公儀伯至；觀形，懦夫也。宣王心惑而疑曰：「女之力何如？」公儀伯曰：「臣之力能折春螽之股，堪秋蟬之翼。」王作色曰：「吾之力能裂犀兕之革，曳九牛之尾，猶憾其弱；女折春螽之股，堪秋蟬之翼，而力聞天下，何也？」公儀伯長息退席，曰：「善哉！王之問也！臣敢以實對。臣之師有商丘子者，力無敵於天下，而六親不知；以未嘗用其力故也。臣以死事之。乃告臣曰：『人欲見其所不見，視人所不窺；欲得其所不得，修人所不爲。故學眎者先見輿薪，學聽者先聞撞鐘。夫有易於內者無難於外。於外無難，故名不出其一家。』今臣之名聞於諸侯，是臣違師之教，顯臣之能者也。然則臣之名不以負其力者也，以能用其力者也；不猶愈於負其力者乎？」

(十三) 中山公子牟者，魏國之賢公子也。好與賢人游，不恤國事；而悅趙人公孫龍。樂正子輿之徒笑之。公子牟曰：「子何笑牟之悅公孫龍也？」子輿曰：「公孫龍之爲人也，行無師，學無友，佞給而不中，漫衍而無家，好怪而妄言。欲惑人之心，屈人之口，與韓檀等肄之。」公子牟變容曰：「何子狀公孫龍之過歟？請聞其實。」子輿曰：「吾笑龍之詒孔穿，言『善射者能令後鏃中前括，發發相及，矢矢相屬；前矢造準而無絕落，後矢之括猶銜弦，視之若一焉。』孔穿駭之。龍曰：『此未其妙者。逢蒙之弟子曰鴻超怒其妻而怖之。引烏號之弓，綦衛之箭，射其目。矢來注眸子而眶不睫，矢隧地而塵不揚。』是豈智者之言與？」公子牟曰：「智者之言固非愚者之所曉。後鏃中前括，鈞後於前。矢注眸子而眶不睫，盡矢之勢也。子何疑焉？」樂正子輿曰：「子，龍之徒，焉得不飾其闕？吾又言其尤者。龍誑魏王曰：『有意不心。有指不至。有物不盡。有影不移。髮引千鈞。白馬非馬。孤犢未嘗有母。』其負類反倫，不可勝言也。」公子牟曰：「子不諭至言而以爲尤也，尤其在子矣。夫無意則心同。無指則皆至。盡物者常有。影不移者，說在改也。髮引千鈞，勢至等也。白馬非馬，形名離也。孤犢未嘗有母，非孤犢也。」樂正子輿曰：「子以公孫龍之鳴皆條也。設令發於餘竅，子亦將承之。」公子牟默然良久，告退，曰：「請待餘日，更謁子論。」

（十四）堯治天下五十年，不知天下治歟，不治歟？不知億兆之願戴己歟？不願戴己歟？顧問左右，左右不知。問外朝，外朝不知。問在野，在野不知。堯乃微服游於康衢，聞兒童謠曰：「立我蒸民，莫匪爾極。不識不知，順帝之則。」堯喜問曰：「誰教爾爲此言？」童兒曰：「我聞之大夫。」大夫曰：「古詩也。」堯還

宮，召舜，因禪以天下。舜不辭而受之

（十五）關尹喜曰：「在己無居，形物其箸。其動若水，其靜若鏡，其應若響。故其道若物者也。物自違道，道不違物。善若道者，亦不用耳，亦不用目，亦不用力，亦不用心。欲若道而用視聽形智以求之，弗當矣。瞻之在前，忽焉在後；用之，彌滿六虛；廢之，莫知其所。亦非有心者所能得遠，亦非無心者所能得近。唯默而得之，而性成之者得之。知而亡情，能而不爲，眞知眞能也。發無知，何能情？發不能，何能爲？聚塊也，積塵也，雖無爲而非理也。」

湯問第五

（一）殷湯問於夏革曰：「古初有物乎？」夏革曰：「古初無物，今惡得物？後之人將謂今之無物，可乎？」殷湯曰：「然則物無先後乎？」夏革曰：「物之終始，初無極已。始或爲終，終或爲始，惡知其紀？然自物之外，自事之先，朕所不知也。」殷湯曰：「然則上下八方有極盡乎？」革曰：「不知也。」湯固問。革曰：「無則無極，有則有盡；朕何以知之？然無極之外復無無極，無盡之中復無無盡，無極復無無極，無盡復無無盡。朕以是知其無極無盡也，而不知其有極有盡也。」湯又問曰：「四海之外奚有？」革曰：「猶齊州也。」湯曰：「汝奚以實之？」革曰：「朕東行至營，人民猶是也。問營之東，復猶營也。西行至豳，人民猶是也。問豳之西，復猶豳也。朕以是知四海，四荒，四極之不異是也。故大小相含，無窮極也。含萬物者，亦如含天地。含萬物也故不窮，含天地也故無極。朕亦焉知天地之表不有大天地者乎？亦吾所不知也。然則天地亦物也。物有不足，故昔者女媧氏練五色石以補其闕；斷鼇之足以立四極。其後共工氏與顓頊爭爲帝，怒而觸不周之山，折天柱，絕地維；故天傾西北，日月辰星就焉；地不滿東南，故百川水潦歸焉。」湯又問：「物有巨細乎？有修短乎？有同異乎？」革曰：「渤海之東不知幾億萬里；有大壑焉，實惟無底之谷，其下無底，名曰歸墟。八紘九野之水，天漢之流，莫不注之，而無增無減焉。其中有五山焉：一曰岱輿，二曰員嶠，三曰方壺，四曰瀛洲，五曰蓬萊。其山高下周旋三萬里，其頂平處九千里。山之中間相去七萬里，以爲鄰居焉。其上臺觀皆金玉，其上禽獸皆純縞。珠玕之樹皆叢生，華實皆有滋味；食之皆不老不死。所居之人皆仙聖之種；一日一夕飛相往來者，不可數焉。而五山之根無所連著，常隨潮波上下往還，不得蹔峙焉。仙聖毒之，訴之於帝。帝恐流於西極，失羣仙聖之居，乃命禺彊使巨鼇十五擧首而戴之。迭爲三番，六萬歲一交焉。五山始峙而不動。而龍伯之國有大人，擧足不盈數步而暨五山之所，一釣而連六鼇，合負而趣歸其國，灼其骨以數焉。於是岱輿員嶠二山流於北極，沈於大海，仙聖之播遷者巨億計。帝憑怒，侵減龍伯之國使阨，侵小龍伯之民使短。至伏羲神農時，其國人猶數十丈。從中州以東四十萬里得僬僥國，人長一尺五寸。東北極有人名曰諍人，長九寸。荆之南有冥靈者，以五百歲爲春，五百歲爲秋上古有大椿者，以八千歲爲春，八千歲爲秋。朽壤之上有菌芝者，生於朝，死於晦。春夏之月有蠓蚋者，因雨而生，見陽而死。終北之北有溟海者，天池也，有魚焉，其廣數千里，其長稱焉，其名爲鯤。有鳥焉，其名爲鵬，翼若垂天之雲，其體稱焉。世豈知有此物哉？大禹行而見之，伯益知而名之，夷堅聞而志之。江浦之間生麼蟲，其名曰焦螟，羣飛而集於蚊睫，弗相觸也。栖宿去來，蚊弗覺也。離朱子羽方晝拭眥揚眉而望之，弗見其形；𧌒俞師曠方夜擿耳俛首而聽之，弗聞其聲。唯黃帝與容成子居空峒之上，同齋三月，心死形廢；徐以神視，塊然見之，若嵩山之阿；徐以氣聽，砰然聞之，若雷霆之聲。吳楚之國有大木焉，其名爲櫾。碧樹而冬生，實丹而味酸。食其皮汁，已憤厥之疾。齊州珍之。渡淮而北而化爲枳焉。鸜鵒不踰濟，貉踰汶則死矣；地氣然也。雖然，形氣異也，性鈞已，無相易已。生皆全已，分皆足已。吾何以識其巨細？何以識其修短？何以識其同異哉？」

（二）太形王屋二山，方七百里，高萬仭；本在冀州之南，河陽之北。北山愚公者，年且九十，面山而居。懲山北之塞，出入之迂也，聚室而謀，曰：「吾與汝畢力平險，指通豫南，達于漢陰，可乎？」雜然相許。其妻獻疑曰：「以君之力，曾不能損魁父之丘。如太形王屋何？且焉置土石？」雜曰：「投諸渤海之尾，隱土之北。」遂率子孫荷擔者三夫，叩石墾壤，箕畚運於渤海之尾。鄰人京城氏之孀妻有遺男，始齔，跳往助之。寒暑易節，始一反焉。河曲智叟笑而止之，曰：「甚矣！汝之不惠！以殘年餘力，曾不能毀山之一毛，其如土石何？」北山愚公長息曰：「汝心之固，固不可徹；曾不若孀妻弱子。雖我之死，有子存焉。子又生孫，孫又生子；子又有子，子又有孫；子子孫孫，無窮匱也；而山不加增，何苦而不平！」河曲智叟亡以應。操蛇之神聞之，懼其不已也，告之於帝。帝感其誠，命夸蛾氏二子負二山，一厝朔東，一厝雍南。自此，冀之南漢之陰無隴斷焉。

（三）夸父不量力，欲追日影，逐之於隅谷之際。渴欲得飲，赴飲河渭。河渭不足，將走北飲大澤。未至，道渴而死。棄其杖，尸膏肉所浸，生鄧林。鄧林彌廣數千里焉。

（四）大禹曰：「六合之間，四海之內，照之以日月，經之以星辰，紀之以四時，要之以太歲。神靈所生，其物異形；或夭或壽，唯聖人能通其道。」夏革曰：「然則亦有不待神靈而生，不待陰陽而形，不待日月而明，不待殺戮而夭，不待將迎而壽，不待五穀而食，不待繒纊而衣，不待舟車而行，其道自然，非聖人之所通也。」

（五）禹之治水土也，迷而失塗，謬之一國。濱北海之北，不知距齊州幾千萬里。其國名曰終北，不知際畔之所齊限，無風雨霜露，不生鳥獸、蟲魚、草木之類。四方悉平，周以喬陟。當國之中有山，山名壺領，狀若甔甀，頂有口，狀若員環，名曰滋穴。有水湧出，名曰神瀵，臭過蘭椒，味過醪醴。一源分爲四埒，注於山下。經營一國，亡不悉徧。土氣和，亡札厲。人性婉而從物，不競不爭。柔心而弱骨，不驕不忌；長幼儕居，不君不臣；男女雜游，不媒不聘；緣水而居，不耕不稼。土氣溫適，不織不衣；百年而死，不夭不病。其民孳阜亡數，有喜樂，亡衰老哀苦。其俗好聲，相攜而迭謠，終日不輟音。飢惓則飲神瀵，力志和平。過則醉，經旬乃醒。沐浴神瀵，膚色脂澤，香氣經旬乃歇。周穆王北遊過其國，三年忘歸。既反周室，慕其國，惝然自失。不進酒肉，不召嬪御者，數月乃復。管仲勉齊桓公因遊遼口，俱之其國，幾剋擧。隰朋諫曰：「君舍齊國之廣，人民之衆，山川之觀，殖物之阜，禮義之盛，章服之美；妖靡盈庭，忠良滿朝。肆咤則徒卒百萬，視撝則諸侯從命，亦奚羡於彼而棄齊國之社稷，從戎夷之國乎？此仲父之耄，奈何從之？」桓公乃止，以隰朋之言告管仲。仲曰：「此固非朋之所及也。臣恐彼國之不可知之也。齊國之富奚戀？隰朋之言奚顧？」

（六）南國之人祝髮而裸，北國之人鞨巾而裘，中國之人冠冕而裳。九土所資，或農或商，或田或漁；如冬裘夏葛，水舟陸車。默而得之，性而成之。越之東有輒沐之國，其長子生，則鮮而食之，謂之宜弟。其大父死，負其大母而棄之，曰：鬼妻不可以同居處。楚之南有炎人之國，其親戚死，㱙其肉而棄之，然後埋其骨。迺成爲孝子。秦之西有儀渠之國者，其親戚死，聚柴積而焚之。燻則煙上，謂之登遐，然後成爲孝子。此上以爲政，下以爲俗，而未足爲異也。

（七）孔子東游，見兩小兒辯鬬。問其故。一兒曰：「我以日始出時去人近，而日中時遠也。」一兒以日初出遠，而日中時近也。一兒曰：「日初出大如車蓋；及日中，則如盤盂：此不爲遠者小而近者大乎？」一兒曰：「日初出滄滄涼涼；及其日中如探湯；此不爲近者熱而遠者涼乎？」孔子不能決也。兩小兒笑曰：「孰爲汝多知乎？」

（八）均，天下之至理也，連於形物亦然。均髮均縣，輕重而髮絕，髮不均也。均也，其絕也莫絕。人以爲不然，自有知其然者也。詹何以獨繭絲爲綸，芒鍼爲鉤，荊篠爲竿，剖粒爲餌，引盈車之魚，於百仞之淵，汩流之中；綸不絕，鉤不伸，竿不撓。楚王聞而異之；召問其故。詹何曰：「臣聞先大夫之言，蒲且子之弋也，弱弓纖繳，乘風振之，連雙鶬於青雲之際。用心專，動手均也。臣因其事，放而學釣。五年始盡其道。當臣之臨河持竿，心無雜慮，唯魚之念，投綸沈鈎，手無輕重，物莫能亂。魚見臣之鈎餌，猶沈埃聚沫，吞之不疑。所以能以弱制彊，以輕致重也。大王治國誠能若此，則天下可運於一握，將亦奚事哉？」楚王曰：「善。」

（九）魯公扈趙齊嬰二人有疾，同請扁鵲求治。扁鵲治之。既同愈。謂公扈齊嬰曰：「汝曩之所疾，自外而干府藏者，固藥石之所已，今有偕生之疾，與體偕長；今爲汝攻之，何如？」二人曰：「願先聞其驗。」扁鵲謂公扈曰：「汝志彊而氣弱，故足於謀而寡於斷。齊嬰志弱而氣彊，故少於慮而傷於專。若換汝之心，則均於善矣。」扁鵲遂飲二人毒酒，迷死三日，剖胸探心，易而置之；投以神藥，既悟如初。二人辭歸。於是公扈反齊嬰之室，而有其妻子；妻子弗識。齊嬰識亦反公扈之室，有其妻子；妻子亦弗識。二室因相與訟，求辨於扁鵲。扁鵲辨其所由，訟乃已。

（十）匏巴鼓琴而鳥舞魚躍，鄭師文聞之，棄家從師襄游。柱指鈞弦，三年不成章。師襄曰：「子可以歸矣。」師文舍其琴，歎曰：「文非弦之不能鈎、非章之不能成。文所存者不在弦，所志者不在聲。內不得於心，外不應於器，故不敢發手而動弦。且小假之，以觀其後。」無幾何，復見師襄。師襄曰：「子之琴何如？」師文曰：「得之矣。請嘗試之。」於是當春而叩商弦以召南呂，凉風忽至，草木成實。及秋而叩角弦以激夾鍾，溫風徐迴，草木發榮。當夏而叩羽弦以召黃鐘，霜雪交下，川池暴沍。及冬而叩徵弦以激蕤賓，陽光熾烈，堅冰立散。將終，命宮而總四弦，則景風翔，慶雲浮，甘露降，澧泉涌。師襄乃撫心高蹈曰：「微矣！子之彈也！雖師曠之清角，鄒衍之吹律，亡以加之。彼將挾琴執管而從子之後耳。」

（十一）薛譚學謳於秦青，未窮青之技，自謂盡之；遂辭歸。秦青弗止；餞於郊衢，撫節悲歌，聲振林木，響遏行雲。薛譚乃謝求反，終身不敢言歸。秦青顧謂其友曰：「昔韓娥東之齊，匱糧，過雍門，鬻歌假食。既去而餘音繞梁欐，三日不絕，左右以其人弗去。過逆旅，逆旅人辱之。韓娥因曼聲哀哭，一里老幼悲愁，垂涕相對，三日不食。遽而追之。娥還，復為曼聲長歌。一里老幼喜躍抃舞，弗能自禁，忘向之悲也。乃厚賂發之。故雍門之人至今善歌哭，放娥之遺聲。」

（十二）伯牙善鼓琴，鍾子期善聽。伯牙鼓琴，志在登高山。鍾子期曰：「善哉！峩峩兮若泰山！」志在流水。鍾子期曰：「善哉！洋洋兮若江河！」伯牙所念，鍾子期必得之。伯牙游於泰山之陰，卒逢暴雨，止於巖下；心悲，乃援琴而鼓之。初爲霖雨之操，更造崩山之音。曲每奏，鍾子期輒窮其趣。伯牙乃舍琴而嘆曰：「善哉！善哉！子之聽夫！志想象猶吾心也。吾於何逃聲哉！」

（十三）周穆王西巡狩，越崑崙，不至弇山。反還，未及中國，道有獻工人名偃師，穆王薦之，問曰：「若有何能？」偃師曰：「臣唯命所試。然臣已有所造，願王先觀之。」穆王曰：「日以俱來，吾要若俱觀之。」越日偃師謁見王。王薦之，曰：「若與偕來者何人邪？」對曰：「臣之所造能倡者。」穆王驚視之，趣步俯仰，信人也。巧夫鎮其頤，則歌合律；捧其手，則舞應節。千變萬化，惟意所適。王以爲實人也，與盛姬內御並觀之。技將終，倡者瞬其目而招王之左右侍妾。王大怒，立欲誅偃師。偃師大慴，立剖散倡者以示王，皆傅會革、木、膠、漆、白、黑、丹、青之所爲。王諦料之，內則肝、膽、心、肺、脾、腎、腸、胃，外則筋、骨、支、節、皮、毛、齒、髮，皆假物也，而無不畢具者。合會復如初見。王試廢其心，則口不能言；廢其肝，則目不能視；廢其腎，則足不能步。穆王始悅而歎曰：「人之巧乃可與造化者同功乎？」詔貳車載之以歸。夫班輸之雲梯，墨翟之飛鳶，自謂能之極也。弟子東門賈禽滑釐聞偃師之巧以告二子，二子終身不敢語藝，而時執規矩。

（十四）甘蠅，古之善射者，彀弓而獸伏鳥下，弟子名飛衞，學射於甘蠅，而巧過其師。紀昌者，又學射於飛衞。飛衞曰：「爾先學不瞬，而後可言射矣。」紀昌歸，偃臥其妻之機下，以目承牽挺。二年之後，雖錐末倒眥，而不瞬也。以告飛衞。飛衞曰：「未也；必學視而後可。視小如大，視微如著，而後告我。」昌以氂懸虱於牖，南面而望之。旬日之間，浸大也；三年之後如車輪焉。以覩餘物，皆丘山也。乃以燕角之弧，朔蓬之簳射之，貫虱之心，而懸不絕。以告飛衞。飛衞高蹈拊膺曰：「汝得之矣！」紀昌既盡衞之術，計天下之敵己者，一人而已；乃謀殺飛衞。相遇於野，二以交射；中路矢鋒相觸，而墜於地，而塵不揚。飛衞之矢先窮。紀昌遺一矢；既發，飛衞以棘刺之端扞之，而無差焉。於是二子泣而投弓，相拜於塗，請爲父子。尅臂以誓，不得告術於人。

（十五）造父之師曰泰豆氏。造父之始從習御也，執禮甚卑，泰豆三年不告。造父執禮愈謹，乃告之曰：「古詩言：『良弓之子，必先爲箕；良冶之子，必先爲裘。』汝先觀吾趣。趣如吾，然後六轡可持，六馬可御。」造父曰：「唯命所從。」泰豆乃立木爲塗，僅可容足；計步而置，履之而行。趣走往還，無跌失也。造父學之，三日盡其巧。泰豆歎曰：「子何其敏也！得之捷乎！凡所御者，亦如此也。

囊汝之行，得之於足，應之於心。推於御也，齊輯乎轡銜之際，而急緩乎脣吻之和；正度乎胸臆之中，而執節乎掌握之間。內得於中心，而外合於馬志，是故能進退履繩而旋曲中規矩，取道致遠而氣力有餘，誠得其術也。得之於銜，應之於轡；得之於轡，應之於手；得之於手，應之以心。則不以目視，不以策驅；心閑體正，六轡不亂，而二十四蹄所投無差；迴旋進退，莫不中節。然後輿輪之外可使無餘轍，馬蹄之外可使無餘地；未嘗覺山谷之嶮，原隰之夷，視之一也。吾術窮矣。汝其識之！」

（十六）魏黑卵以暱嫌殺丘邴章，丘邴章之子來丹謀報父之讎。丹氣甚猛，形甚露，計粒而食，順風而趨。雖怒，不能稱兵以報之。恥假力於人，誓手劍以屠黑卵。黑卵悍志絕衆，力抗百夫。節骨皮肉，非人類也。延頸承力，披胸受矢，鋩鍔摧屈，而體無痕撻。負其材力，視來丹猶雛𪇆也。來丹之友申他曰：「子怨黑卵至矣，黑卵之易子過矣，將奚謀焉？」來丹垂涕曰：「願子爲我謀。」申他曰：「吾聞衞孔周其祖得殷帝之寶劍，一童子服之，却三軍之衆，奚不請焉？」來丹遂適衞，見孔周，執僕御之禮，請先納妻子，後言所欲。孔周曰：「吾有三劍，唯子所擇；皆不能殺人，且先言其狀。一曰含光，視之不可見，運之不知有。其所觸也，泯然無際，輕物而物不覺。二曰承影，將旦昧爽之交，日夕昏明之際，北面而察之，淡淡焉若有物存，莫識其狀。其所觸也，竊竊然有聲，輕物而物不疾也。三日宵練，方晝則見影而不見光，方夜見光而不見形。其觸物也，騞然而過，隨過隨合，覺疾而不血刃焉。此三寶者，傳之十三世矣，而無施於事。匣而藏之，未嘗啓封。」來丹曰：「雖然，吾必請其下者。」孔周乃歸其妻子，與齋七日。晏陰之間，跪而其下劍，來丹再拜受之以歸。來丹遂執劍從黑卵。時黑卵之醉偃於牖下，自頸至腰三斬之。黑卵不覺。來丹以黑卵之死，趣而退。遇黑卵之子於門，擊之三下，如投虛。黑卵之子方曰：「汝何笑曰：「汝何蚩而三招予？」來丹知劍之不能殺人也，歎而歸。黑卵既醒，怒其妻曰：「醉而露我，使我嗌疾而腰急。」其子曰：「疇昔作丹之來，遇我於門，三招我，亦使我體疾而支彊。彼其厭我哉！」

（十七）周穆王大征西戎，西戎獻錕鋙之劍，火浣之布，其劍長尺有咫，練鋼赤刃，用之切玉如切泥焉。火浣之布，浣之必投於火；布則火色，垢則布色；出火而振之，皓然疑乎雪。皇子以爲無此物，傳之者妄。蕭叔曰：「皇子果於自信，果於誣理哉！」

說符第八

（一）子列子學於壺丘子林。壺丘子林曰：「子知持後，則可言身矣。」列子曰：「願聞持後。」曰：「顧若影，則知之。」列子顧而觀影：形枉則影曲，形直則影正。然則枉直隨形而不在影，屈申任物而不在我。此之謂持後而處先。

（二）關尹謂子列子曰：「言美則響美，言惡則響惡；身長則影長，身短則影短。名也者，響也；身也者，影也。故曰：『愼爾言，將有和之；愼爾行，將有隨之。』是故聖人見出以知入，觀往以知來。此其所以先知之理也。度在身，稽在人。人愛我，我必愛之；人惡我，我必惡之。湯武愛天下，故王；桀紂惡天下，故亡。此所稽也。稽度皆明而出不道也，譬之出不由門，行不從徑也。以是求利，不亦難乎？嘗觀之神農有炎之德，稽之虞夏商周之書，度諸法士賢人之言，所以存亡廢興而非由此道者，未之有也。」

（四）列子學射，中矣，請於關尹子。尹子曰：「子知子之所以中者乎？」對曰：「弗知也。」關尹子曰：「未可。」退而習之。三年，又以報關尹子。尹子曰：「子知子所以中乎？」列子曰：「知之矣。」關尹子曰：「可矣；守而勿失也。非獨射也，爲國與身亦皆如之。故聖人不察存亡而察其所以然。」

（五）列子曰：「色盛者驕，力盛者奮，未可語道也。故不班白語道，失，而況行之乎？故自奮則人莫之告。人莫之告，則孤而無輔矣。賢者任人，故年老而不衰，智盡而不亂。故治國之難在知賢而不在自賢。」

（六）宋人有爲其君以玉爲楮葉者，三年而成。鋒殺莖柯，毫芒繁澤，亂之楮葉中而不可別也。此人遂以巧食宋國。子列子聞之，曰：「使天地之生物，三年而成一葉，則物之有葉者寡矣。故聖人恃道化而不恃智巧。」

（七）子列子窮，容貌有饑色，客有言之鄭子陽者曰：「列禦寇蓋有道之士也，居君之國而窮，君無乃爲不好士乎！」鄭子陽卽令官遺之粟。子列子出見使者，再拜而辭。使者去。子列子入，其妻望之而拊心曰：「妾聞爲有道者之妻子，皆得佚樂。今有饑色，君過而遺先生食。先生不受，豈不命也哉？」子列子笑謂之曰：「君非自知我也。以人之言而遺我粟，至其罪我也，又且以人之言；此吾所以不受也。」其卒，民果作難而殺子陽。

（八）魯施氏有二子，其一好學，其一好兵。好學者以術干齊侯；齊侯納之，以爲諸公子之傅。好兵者之楚，以法干楚王；王悅之，以爲軍正。祿富其家，爵榮其親。施氏之鄰人孟氏同有二子，所業亦同，而窘於貧。羨施氏之有，因從請進趨之方。二子以實告孟氏。孟氏之一子之秦，以術干秦王。秦王曰：「當今諸侯力爭，所務兵食而已。若用仁義治吾國，是滅亡之道。」遂宮而放之。其一子之衞，以法干衞侯。衞侯曰：「吾弱國也，而攝乎大國之間。大國吾事之，小國吾撫之，是求安之道。若賴兵權，滅亡可待矣；若全而歸之，適於他國，爲吾之患不輕矣。」遂刖之，而還諸魯。既反，孟氏之父子叩胸而讓施氏。施氏曰：「凡得時者昌，失時者亡。子道與吾同，而功與吾異，失時者也，非行之謬也。且天下理無常是，事無常非。先日所用，今或棄之；今之所棄，後或用之。此用與不用，無定是非也。投隙抵時，應事無方，屬乎智。智苟不足使若博如孔丘，術如呂尙，焉往而不窮哉？」孟氏父子舍然無慍容，曰：「吾知之矣。子勿重言！」

（九）晉文公出會，欲伐衞，公子鋤仰天而笑。公問：「何笑？」曰：「臣笑鄰之人有送其妻適私家者，道見桑婦。悅而與言，然顧視其妻，亦有招之者矣。臣竊笑此也。」公寤其言，乃止。引師而還，未至，而有伐其北鄙者矣。

（十）晉國苦盜。有郄雍者，能視盜之貌，察其眉睫之間，而得其情。晉侯使視盜，千百無遺一焉。晉侯大喜，告趙文子曰：「吾得一人，而一國之盜爲盡矣，奚用多爲？」文子曰：「吾君恃伺察而得盜，盜不盡矣。且郄雍必不得其死焉。」俄而羣盜謀曰：「吾所窮者郄雍也。」遂共盜而殘之。晉侯聞而大駭，立召文子而告之曰：「如果子言，郄雍死矣！然取盜何方？」文子曰：「周諺有言：『察見淵魚者不祥，智料隱匿者有殃。』且君若欲無盜，若莫舉賢而任之；使教明於上，化行於下，民有恥心，則何盜之爲？」於是用隨會知政，而羣盜奔秦焉。

（十一）孔子自衞反魯，息駕乎河梁而觀焉。有懸水三十仞，圜流九十里，魚鼈弗能游，黿鼉弗能居，有一丈夫方將厲之。孔子使人並涯止之，曰：「此懸水三十仞，圜流九十里，魚鼈弗能游，黿鼉弗能居也。意者難可以濟乎？」丈夫不以錯意，遂度而出。孔子問之曰：「巧乎？有道術乎？所以能入而出者，何也？」丈夫對曰：「始吾之入也，先以忠信；及吾之出也，又從以忠信。忠信錯吾軀於波流，而吾不敢用私，所以能入而復出者，以此也。」孔子謂弟子曰：「二三子識之！水且猶可以忠信誠身親之，而況人乎？」

（十二）白公問孔子曰：「人可與微言乎？」孔子不應。白公問曰：「若以石投水，何如？」孔子曰：「吳之善沒者能取之。」曰：「若以水投水，何如？」孔子曰：「淄澠之合，易牙嘗而知之。」白公曰：「人固不可與微言乎？」孔子曰：「何爲不可？唯知言之謂者乎！夫知言之謂者：不以言言也。爭魚者濡，逐獸者趨，非樂之也。故至言去言，至爲無爲。夫淺知之所爭者末矣。」白公不得已，遂死於浴室。

（十三）趙襄子使新穉穆子攻翟，勝之，取左人中人；使遽人來謁之。襄子方食而有憂色。左右曰：「一朝而兩城下，此人之所喜也；今君有憂色。何也？」襄子曰：「夫江河之大也，不過三日；飄風暴雨不終朝，日中不須臾。今趙氏之德行無所施於積，一朝而兩城下，亡其及我哉！」孔子聞之曰：「趙氏其昌乎！夫憂者所以爲昌也，喜者所以爲亡也。勝非其難者也；持之，其難者也。賢主以持勝，故其福及後世。齊楚吳越皆嘗勝矣，然卒取亡焉，不達乎持勝也。唯有道之主爲能持勝。」孔子之勁，能拓國門之關，而不肯以力聞。墨子爲守攻，公輸般服，而不肯以兵知。故善持勝者以彊爲弱。

（十四）宋人有好行仁義者，三世不懈。家無故黑牛生白犢，以問孔子。孔子曰：「此吉祥也，以薦上帝。」居一年，其父無故而盲。其牛又復生白犢，其父又復令其子問孔子。其子曰：「前問之而失明，又何問乎？」父曰：「聖人之言先迕後合。其事未究。姑復問之。」其子又復問孔子。孔子曰：「吉祥也。」復教以祭，其子歸致命其父，其曰：「行孔子之言也。」居一年，其子又無故而盲。其後楚攻宋，圍其城；民易子而食之，析骸而炊之；丁壯者皆乘而戰，死者太半。此人以父子有疾皆免。及圍解而疾俱復。

（十五）宋有蘭子者，以技干宋元；宋元召而使見。其技以雙枝，長倍其身，屬其踁，並趨並馳，弄七劍迭而躍之，五劍常在空中。元君大驚，立賜金帛。又有蘭子又能燕戲者，聞之，復以干元君。元君大怒曰：「昔有異技干寡人者，技無庸，適値寡人有歡心，故賜金帛；彼必聞此而進復望吾賞。」拘而擬戮之，經月乃放。

（十六）秦穆公謂伯樂曰：「子之年長矣，子姓有可使求馬者乎？」伯樂對曰：「良馬可形容筋骨相也。天下之馬者，若滅若沒，若亡若失，若此者絕塵弭轍。臣之子皆下才也，可告以良馬，不可告以天下之馬也。臣有所與共擔纆薪菜者，有九方皐，此其於馬非臣之下也。請見之。」穆公見之。使行求馬。三月而反報曰：「已得之矣，在沙丘。」穆公曰：「何馬也？」對曰：「牝而黃。」使人往取之，牡而驪。穆公不說，召伯樂而謂之曰：「敗矣，子所使求馬者！色物牝牡尚弗能知，又何馬之能知也？」伯樂喟然太息曰：「一至於此乎！是乃其所以千萬臣而無數者也。若皐之所觀天機也，得其精而忘其麤，在其內而忘其外；見其所見，不見其所不見；視其所視，而遺其所不視。若皐之相者，乃有貴乎馬者也。」馬至，果天下之馬也。

（十七）楚莊王問詹何曰：「治國柰何？」詹何對曰：「臣明於治身而不明於治國也。」楚莊王曰：「寡人得奉宗廟社稷，願學所以守之。」詹何對曰：「臣未嘗聞身治而國亂者也，又未嘗聞身亂而國治者也。故本在身，不敢對以末。」楚王曰：「善。」

（十八）狐丘丈人謂孫叔敖曰：「人有三怨，子之知乎？」孫叔敖曰：「何謂也？」對曰：「爵高者，人妬之；主惡之；祿厚者，怨逮之。」孫叔敖曰：「吾爵益高，吾志益大，吾官益大，吾心益小；吾祿益厚，吾施益博。以是免於三怨，可乎？」

（十九）孫叔敖疾，將死，戒其子曰：「王亟封我矣，吾不受也。爲我死，王則封汝；汝必無受利地！楚越之間有寢丘者，此地不利而名甚惡。楚人鬼而越人禨，可長有者唯此也。」孫叔敖死，王果以美地封其子。子辭而不受；請寢丘與之。至今不失。

（二十）牛缺者，上地之大儒也，下之邯鄲，遇盜於耦沙之中，盡取其衣裝車，牛步而去。視之，歡然無恡之色。盜追而問其故。曰：「君子不以所養害其所養。」盜曰：「嘻！賢矣夫！」既而相謂曰：「以彼之賢，往見趙君，使以我為，必困我。不如殺之。」乃相與追而殺之。燕人聞之，聚族相戒，曰：「遇盜，莫如上地之牛缺也！」皆受教。俄而其弟適秦。至關下，果遇盜；憶其兄之戒，因與盜力爭。既而不如，又追而以卑辭請物，盜怒曰：「吾活汝弘矣，而追吾不已，迹將著焉。既為盜矣，仁將焉在？」遂殺之，又傍害其黨四、五人焉。

（二一）虞氏者，梁之富人也，家充殷盛，錢帛無量，財貨無訾。登高樓，臨大路，設樂陳酒，擊博樓上。俠客相隨而行。樓上博者射，明瓊張中，反兩㩉魚而笑。飛鳶適墜其腐鼠而中之。俠客相與言曰：「虞氏富樂之日久矣，而常有輕易人之志。吾不侵犯之，而乃辱我以腐鼠。此而不報，無以立謹於天下。請與若等戮力一志，率徒屬必滅其家為！」等倫皆許諾。至期日之夜，聚衆積兵以攻虞氏，大滅其家。

（二二二）東方有人焉，曰爰旌目，將有適也，而餓於道。狐父之盜曰丘，見而下壺餐以餔之。爰旌目三餔而後能視，曰：「子何爲者也？」曰：「我狐父之人丘也。」爰旌目曰：「譆！汝非盜邪？胡爲而食我？吾義不食子之食也。」兩手據地而歐之，不出，喀喀然，遂伏而死。狐父之人則盜矣，而食非盜也。以人之盜因謂食爲盜而不敢食，是失名實者也。

（二二三）柱厲叔事莒敖公，自爲不知己，去，居海上，夏日則食菱芰，冬日則食橡栗。莒敖公有難，柱厲叔辭其友而往死之　其友曰：「子自以爲不知己，故去。今往死之，是知與不知無辨也。」柱厲叔曰：「不然！自以爲不知，故去。今死，是果不知我也。吾將死之，以醜後世之人不知其臣者也。」凡知則死之，不知則弗死，此直道而行者也；柱厲叔可謂懟以忘其身者也。

（二二四）楊朱曰：「利出者實及，怨往自害來。發於此而應於外者唯請，是故賢者愼所出。」

（二二五）楊子之鄰人亡羊，既率其黨，又請楊子之豎追之。楊子曰：「嘻！亡一羊，何追者之衆？」鄰人曰：「多歧路。」既反，問：「獲羊乎？」曰：「亡之矣。」曰：「奚亡之？」曰：「歧路之中又有歧焉，吾不知所之，所以反也。」楊子戚然變容，不言者移時，不笑者竟日。門人怪之，請曰：「羊，賤畜；又非夫子之有，而損言笑者，何哉？」楊子不答。門人不獲所命。弟子孟孫陽出，以告心都子。心都子他日與孟孫陽偕入，而問曰：「昔有昆弟三人，游齊魯之間，同師而學，進仁義之道而歸。其父曰：『仁義之道若何？』伯曰：『仁義使我愛身而後名。』仲曰：『仁義使我殺身以成名。』叔曰：『仁義使我身名並全。』彼三術相反，而同出於儒。孰是孰非邪？」楊子曰：「人有濱河而居者，習於水，勇於泅，操舟鬻渡，利供百口。裹糧就學者成徒，而溺死者幾半。本學泅，不學溺，而利害如此。若以爲孰是孰非？」心都子嘿然而出。孟孫陽讓之曰：「何吾子問之迂，夫子答之僻？吾惑愈甚。」心都子曰：「大道以多歧亡羊，學者以多方喪生。學非本不同，非本不一，而末異若是。唯歸同反一，爲亡得喪。子長先生之門，習先生之道，而不達先生之況也，哀哉！」

（二六）楊朱之弟曰布，衣素衣而出。天雨，解素衣，衣緇衣而反。其狗不知，迎而吠之。楊布怒，將扑之。楊朱曰：「子無扑矣！子亦猶是也。嚮者使汝狗白而往，黑而來，豈能無怪哉？」

（二七）楊朱曰：「行善不以爲名，而名從之；名不與利期，而利歸之；利不與爭期，而爭及之；故君子必愼爲善。」

（二八）昔人言有知不死之道者，燕君使人受之，不捷，而言者死。燕君甚怒，其使者將加誅焉。幸臣諫曰：「人所憂者莫急乎死，己所重者莫過乎生。彼自喪其生，安能令君不死也？」乃不誅。有齊子亦欲學其道，聞言者之死，乃撫膺而恨。富子聞而笑之曰：「夫所欲學不死，其人已死而猶恨之，是不知所以爲學。」胡子曰：「富子之言非也。凡人有術不能行者有矣，能行而無其術者亦有矣。衞人有善數者，臨死，以決喩其子。其子志其言而不能行也。他人問之，以其父所言告之。問者用其術，與其父無差焉。若然，死者奚爲不能言生術哉？」

（二九）邯鄲之民以正年之旦獻鳩於簡子，簡子大悅，厚賞之。客問其故。簡子曰：「正旦放生，示有恩也。」客曰：「民知君之欲放之，故競而捕之，死者衆矣；君如欲生之，不若禁民勿捕。捕而放之，恩過不相補矣。」簡子曰「然。」

（三十）齊田氏祖於庭，食客千人。中坐有獻魚雁者，田氏視之，乃歎曰：「天之於民厚矣！殖五穀，生魚鳥以爲之用。」衆客和之如響。鮑氏之子年十二，預於次，進曰：「不如君言。天地萬物與我並生，類也。類無貴賤，徒以小大智力而相制，迭相食；非相爲而生之。人取可食者而食之，豈天本爲人生之？且蚊蚋噆膚，虎狼食肉，非天本爲蚊蚋生人虎狼生肉者哉？」

（三一）齊有貧者，常乞於城。城市患其亟也，衆莫之與。遂適田氏之廐，從馬醫作役而假食。郭中人戲之曰：「從馬醫而食，不以辱乎？」乞兒曰：「天下之辱莫過於乞，乞猶不辱，豈辱馬醫哉？」

（三二）宋人有游於道，得人遺契者，歸而藏之，密數其齒。告鄰人曰：「吾富可待矣。」

（三三）人有枯梧樹者，其鄰父言枯梧之樹不祥，其鄰人遽而伐之。鄰人父因請以爲薪。其人乃不悅，曰：「鄰人之父徒欲爲薪而敎吾伐之也。與我鄰，若此其險，豈可哉？」

（三四）人有亡鈇者，意其鄰之子，視其行步，竊鈇也；顏色，竊鈇也；言語，竊鈇也；動作態度，無爲而不竊鈇也。俄而扫其谷而得其鈇，他日復見其鄰人之子，動作態度無似竊鈇者。

（三五）白公勝慮亂，罷朝而立，倒杖策，錣上貫頤，血流至地而弗知也。鄭人聞之曰：「頤之忘，將何不忘哉？」意之所屬箸，其行足躓株埳，頭抵植木，而不自知也。

（三六）昔齊人有欲金者，清旦衣冠而之市，適鬻金者之所，因攫其金而去。吏捕得之，問曰：「人皆在焉，子攫人之金何？」對曰：「取金之時，不見人，徒見金。」

『中國歷代經典寶庫』《青少年版》出版的話

一個中國古典知識大衆化的構想

◉高上秦

許多討論或研究中國文化的學者，大概都承認一樁事實：中國文化的基調，是傾向於人間的；是關心人生，參與人生，反映人生的。我們的聖賢才智，歷代著述，大多圍繞著一個主題，治亂興廢與世道人心。無論是春秋戰國的諸子哲學，漢魏各家的傳經事業，韓柳歐蘇的道德文章，程朱陸王的心性義理；無論是貴族屈原的憂患獨歎，樵夫惠能的頓悟衆生；無論是先民傳唱的詩歌、戲曲、村里講談的平話、小說……等等種種，隨時都洋溢著那樣强烈的平民性格、鄉土芬芳，以及它那無所不備的人倫大愛；一種對平凡事物的尊敬，對社會家國的情懷，對蒼生萬有的期待，激盪交融，相互輝耀，繽紛燦爛的造成了中國。平易近人、博大久遠的中國。

可是，生爲這一個文化傳承者的現代中國人，對於這樣一個親民愛人、胸懷天下的文明，這樣一個塑造了我們、呵護了我們幾千年的文化母體，可有多少認識？多少理解？又有多少接觸的機會，把握的可能呢？

一般社會大衆暫且不提，就是我們的莘莘學子、讀書人，受了十幾年的現代教育以後，究竟讀過幾部歷代的經典古籍？瞭解幾許先人的經驗智慧？當年林語堂先生就曾感嘆過，現在的大學畢業生，連「中國幾種重要叢書都未曾見過」，遑論其他？

特別是近年以來，升學主義的壓力，耗損了廣大學子的精神、體力；美西文明的風行，導引了智識之士的思慮、習尚；電視、電影和一般大衆媒體的普遍流通，更造成了一個官能文化當道，社會價値浮動的生活形態。美國學者雷文孫所說的當代世界是一個「沒有圍牆的博物館」，固然鮮明了這一現象，但眞正的問題，却在於我們的根性尚未紮穩，就已目迷五色的跌入了傳播學者所批評的「優勢文化」的輻射圈內，失去了自我的特質與創造的能力。

何況，近代的中國還面對了內外雙重的文化焦慮。自內在而言，白話文學運動固然開發了俚語俗言的活力，提升了大衆文學的地位，覺悟到社會羣體的知識參與力，却相對的減損了我們對中國古典知識的傳承力；以往屬於孩童啓蒙的「小學」教育，屬於讀書人必備的「經學」常識，都在新式教育的推動下，變得無比艱澀與隔閡了。自外在而言，五四以來的西化怒潮，不斷開展了對西方經驗的學習，對傳統意識的批判，意興風發的營造了我們的時代感覺與世界精神，爲我們的現代化打下了一定程度的基礎；它也同時疾風迅雨般衝刷著中國備受誤解的文明，削弱了我們的文化認同與歷史根源，使我們在現代化的整體架構上模糊了著力的點，漫漶了精神的面。

將近五十年前，國際聯合會教育考察團曾對我國教育作過一次深入的探訪，在報告書中，一針見血的指出：歐洲力量的來源，經常是透過古代文明的再發現與新認識而而達至；中國的教育也理當如此，才能眞實發揮它的民族性與創造性。

事實上，現代的學術研究，也紛紛肯定了相似的論點。文化人類學所剖示的，每一個文化都有它的殊異性與持續性；知識社會學所探討的，一個文化的强大背景與典範人物，常常是新一代創造者的「支援意識」的能源；而李約瑟更直截了當的說，除了科技以外，其他文化的成果是沒有普遍性的。在這裏，當我們回溯了現代中國的種種內在、外在與現實的條件之餘，中國文化風格的深透再造，中國古典知識的普遍傳承，更成了炎黃子孫無可推卸的天職了。

「中國歷代經典寶庫」青少年版的編輯印行，就是這樣一份反省與辨認的開展。

在中國傳延千古的史實裏，我們也都看到，每當一次改朝換代或重大的社會變遷之餘，都有許多沈潛會通的有心人站出來，顚沛造次，心志不移的汲汲於興滅繼絕的文化整理、傳道解惑的知識普及——孔子的彙編古籍、有教無類，劉尙的校理衆書、編目提要，鄭玄的博古知今、遍註羣經；乃至於孔穎達的「五經正義」，朱熹的「四書集註」，王心齋的深入民衆、樂學教育……他們或以個人的力量，或由政府的推動，分別爲中國文化做了修舊起廢、變通傳承的偉大事業。

民國以來，也有過整理國故的呼籲、讀經運動的倡行；商務印書館更曾經編選印行了相當數量、不同種類的古書今釋語譯。遺憾的是，時代的變動太大，現實的條件也差，少數提倡者的陳義過高，拙於宣導，以及若干出版物的偏於學術界或知識份子的需要；這一切，都使得歷代經典的再生，和它的大衆化，離了題，觸了礁。

當我們著手於這項工作的時候，我們一方面感動於前人的努力，一方面也考慮了當前的需求，從過去疏漏了的若干問題開始，提出了我們這個中國古典知識大衆化的構想與做法。

我們的基本態度是：中國的古典知識，應該而且必須由全民所共享。它們不是知識份子的專利，也不是少數學人的獨寵，我們希望它能進入到大衆的生活裏去，也希望大衆都能參與到這一文化傳承的事業中來；何況，這些歷代相傳的經典，又有那麼多的平民色彩，那麼大的生活意義——說得更澈底些，這類經典，大部份還是平民大衆自身的創造與表現。大家怎麼能眼睜睜的放棄了這一古典寶藏的主權呢？

爲此，我們邀請的每一位編撰人，除了文筆的流暢生動外，同時希望他能擁有古典的與現代的知識，並且是長期居住或成長於國內的專家、學者，對當前現實有一適當的理解與同情。在這基礎上，歷代經典的重新編撰，方始具備了活潑明白、深入淺出、趣味化、生活化的蘊義。

也是爲此，我們首先爲這套書訂定了「青少年版」的名目。我們也曾考慮過一些其他的字眼，譬如「國民版」、「家庭版」等等，研擬再三，我們還是選擇了「

青少年版」。畢竟，這是一種文化紮根的事業，紮根當然是愈早愈好。在最有吸收力、閱讀力的年歲，在最能培養人生情趣和理想的時候，我們的青少年朋友就能與這些清澈的智慧、廣博的經驗爲友，接觸到千古不朽的思考和創造，而我們所謂的「中國古典知識大衆化」，才不會是一句口號。

這也意味了我們對編撰人寫作態度的懇盼，以及我們對社會羣體的邀請。但願透過這樣的方式，讓中國的知識、中國的創作，能夠回流反哺，回到每一個中國家庭裏，使每一位具有國中程度以上的中華子民，都喜愛它、閱讀它。

我們深深明白中國文化的豐美，它的包容與廣大。每一時代，每一情境，都有不同的創作與反省；它們或驚或嘆、或悲或喜，或溫柔敦厚、或鵬飛萬里，雖然形式多端、訴求有異，却絲毫無損於它們的完美與貢獻。這也就確定了我們的選書原則：盡可能的多樣化與典範化。像四庫全書對佛典道藏的排斥，像歷代經籍對戲曲小說的貶抑，甚至多數人都忽略了的中國的科技知識、經濟探討、敎煌遺墨，都是我們所不願也不宜偏漏的。

就這樣，我們在時代意義的需求、歷史價值的肯定、多樣內容的考量下，從廿五萬三千餘册的古籍舊藏裏，歸納綜合，選擇了目前呈現在諸位面前的六十五部經典。這是我們開發中國古典知識能源的第一步，希望不久的將來，我們能繼續跨出第二步、第三步……

我們所以採用「經典」二字爲這六十五部書的結集定名，一方面是——說文解字所解釋的，「經」是一種有條不紊的編織排列；廣韻所說的，「典」是一種法，一種規則。它們的交織運作，正可以系統的演繹了中國文化的風格面貌，給出我們日常行爲的規範，生活的秩序，情感的條理。另一方面——也是採用了章太炎先生的說法：它們是「當代記述較多而常要翻閱的」一些書。我們相信，中國文化的恢宏壯麗，必須在這樣的襟懷中才能有所把握。

與這個信念相表裏，我們在這六十五部經典的編印上，不作分類也不予編號。這套經典對我們是一體同尊的，改寫以後也大都同樣親切可讀，我們企冀於提供的，是一套比較完備的古典知識。無論古代中國七略四部的編目，或現代西方科技分類的正名，都易扭曲了它們的形象，阻礙了可能的欣賞，這就大大違反我們出版這套書的諦旨了。

但在另一重意義上，我們却分別爲舊典賦予了新的書名，用現代的語言烘托原書的精神，增進讀者對它的親和力；當然，這也意味了它是一種新的解釋，是我們以現代的編撰形式和生活現實來再認的古典。

也是在這種實質的，閱讀的要求下，我們不得不對原書有所去取，有所融滙與變通。譬如，原典最大的「資治通鑑」，將近三百卷的皇皇巨著，本身就是一個雄偉的書中帝國，一般大衆實難輕易的一窺堂奧。新版的「帝王的鏡子」做了提玄勾要的梳理，形式也類同袁樞「通鑑紀事本末」的體裁，把它作了故事性的改寫，雖然字數濃縮了，却在不失原典題旨的照顧下，提供了一份非專業的認知。其他的部份經典，也有類似的寫法。這方面，歐美出版界倒有不少可供我們借鑑的例子。遠的不談，就以湯恩比的「歷史研究」來說，前六册出版了未及十年，桑馬威爾就爲它作了濃縮至六分之一的大衆節本，暢銷一時，並曾獲得湯氏本人的大大讚賞。我們的作法雖不必盡同，但精神却是一致的。

再如原書最少的老子「道德經」，這部被美國學者蒲克明肯定爲未來大同世界家喻戶曉的一部書，短短五千言，我們却相對的擴充、闡釋，完成了十來萬字的「生命的大智慧」。又如「左傳」、「史記」、「戰國策」等書，原有若干重疊的記述，經過編撰人的相互研討，各有删節，避免了雷同繁複。……由於歷代經典的繽紛多彩，體裁富麗，筆路萬殊，各編撰人曾有過集體的討論，也有過個別的協調，分別作成了若干不同的體例原則，交互運用，以便充分發皇原典精神，又能照顧現實需要，爲廣大讀者打出一把把邁入經典大門的鑰匙。

無論如何，重新編寫後的這套書，畢竟仍是每一位編撰者的心血結晶，知識成果。我們明白，經典的解釋原有各種不同的學說流派，在重新編寫的過程裏，每一位編撰者的參酌採用，個人發揮我都寄寓了最高的尊重。

除了經典的編撰改寫以外，我們同時蒐集了各種有關的文物圖片千餘幀，分別編入各書。在這些「文物選粹」中，也許更容易讓我們一目了然的感知到中國：那樣樸素生動的陶的文化，剛健恢宏的銅的文化，溫潤高潔的玉的文化，細緻優美的瓷的文化；那些刻寫在竹簡、絲帛上的歷史，那些遺落在荒山、野地裏的器物；那些意隨筆動的書法，那文章，那繪畫……正如浩瀚的中國歷代經典一般，那一樣不足以驚天地而泣鬼神？那一樣不是先民們偉大想像與勤懇工作的結晶？看起來，它們是一幅幅獨立存在的作品，一件件各自完整的文物，然而它們每一樣都代表了中國，都煥發出中國文化緜延不盡的特質。它們也和這些經典的作者一樣，是彼此相屬、相生、相成的。

這套書，分別附上了原典或原典精華，不只是强調原典的不可或廢，更在於牽引有心的讀者，循序漸進，自淺而深。但願我們的青少年，在舉一反三、觸類旁通之餘，更能一層層走向原典，去作更高深的研究，締造更豐沛的成果；上下古今，縱橫萬里，爲中國文化傳香火於天下。

是的，我們衷心希望，這套「中國歷代經典寶庫」青少年版的編印，將是一扇現代人開向古典的窗；是一聲歷史投給現代的呼喚；是一種關切與擁抱中國的開始；它也將是一盞盞文化的燈火，在漫漫書海中，照出一條知識的，遠航的路──

也許，若干年後，今天這套書的讀者裏，也有人走入這一偉大的文化殿堂，與先聖先賢並肩論道，弦歌不輟，永世長青的開啓著、建構著未來無數個世代的中國心靈！

歷史在期待。

（民國六十九年歲末於臺灣臺北）

附記：雖然，編輯部同仁曾盡了最大的力氣，但我們知道，這套書必然仍有不少缺點，不少無可避免的偏差或遺誤。我們十分樂意各界人士對它的批評、指正，這不僅是未來修訂時的參考，也將是我們下一步出版經典叢書的依據。

總目錄

袖珍本50開中國歷代經典寶庫59種65册

總目錄

袖珍本50開中國歷代經典寶庫59種65册

總目錄

袖珍本50開中國歷代經典寶庫59種65冊

【開卷】叢書古典系列

中國歷代經典寶庫　**列子**

校　　對——羅肇錦・陳宜靜
編 撰 者——羅肇錦
董 事 長
發 行 人——孫思照
總 經 理——莫昭平
總 編 輯——林馨琴
出 版 者——時報文化出版企業股份有限公司
10803台北市和平西路三段240號三樓
發行專線——(02)2306-6842
讀者服務專線——0800-231-705・(02)2304-7103
讀者服務傳眞——(02)2304-6858
郵撥——19344724 時報文化出版公司
信箱——台北郵政79～99信箱
時報悅讀網——http://www.readingtimes.com.tw
電子郵件信箱——liter@readingtimes.com.tw

印　　刷——盈昌印刷股份有限公司
袖珍本50開初版——一九八七年元月十五日
三版七刷——二〇一一年四月十九日
袖珍本59種65冊
定價新台幣單冊100元・全套6500元

⊙行政院新聞局局版北市業字第八〇號

ISBN 957-13-1679-2

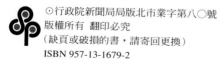

國立中央圖書館出版品預行編目資料

列子 : 御風而行的哲思 / 羅肇錦編撰. -- 二版.
-- 臺北市 : 時報文化, 1995[民84]
面 ; 公分. -- (開卷叢書.古典系列)(中國歷代經典寶庫)
ISBN 957-13-1680-6(平裝)

1. 列子 - 通俗作品

121.32 84003391